艾宾浩斯记忆法

打造过目不忘的学习脑

爱编程的魏校长 著

人民邮电出版社

北京

图书在版编目（ＣＩＰ）数据

艾宾浩斯记忆法：打造过目不忘的学习脑 / 爱编程
的魏校长著. -- 北京：人民邮电出版社，2024.9
ISBN 978-7-115-64459-6

Ⅰ．①艾… Ⅱ．①爱… Ⅲ．①记忆术 Ⅳ.
①B842.3

中国国家版本馆CIP数据核字(2024)第105784号

◆ 著　　　　爱编程的魏校长
　　责任编辑　侯玮琳
　　责任印制　陈　犇
◆ 人民邮电出版社出版发行　　北京市丰台区成寿寺路 11 号
　　邮编　100164　　电子邮件　315@ptpress.com.cn
　　网址　https://www.ptpress.com.cn
　　三河市中晟雅豪印务有限公司印刷
◆ 开本：880×1230　　1/32
　　印张：7.75　　　　　　　　　2024 年 9 月第 1 版
　　字数：125 千字　　　　　　　2024 年 9 月河北第 2 次印刷

定价：49.80 元

读者服务热线：(010)81055410　印装质量热线：(010)81055316
反盗版热线：(010)81055315
广告经营许可证：京东市监广登字 20170147 号

前　　言

我女儿加加今年13岁，是名副其实的学霸——聪慧机敏，各科成绩名列前茅。但不得不说，我家这个学霸的养成，有我这个爸爸一半的功劳。

聪慧女儿遇到学习困惑

和很多小朋友一样，女儿从小对这个世界充满了好奇，总会问我各种问题。

"爸爸，为什么蝴蝶的翅膀会有那么多颜色？"

"云是怎么形成的？"

……

为了回答她的问题，我绞尽脑汁，有时候还得上网查阅各种资料才能答上来。在这个过程中，我也体会到了"与孩子一起成长"的感觉。

"好奇宝宝"上小学后爱上了阅读，经常自己找书读。

有一次，她独自在客厅阅读关于海洋生物的书。

我走到她面前，她兴奋地抬起头来，眼睛里闪烁着光芒："爸爸，你知道吗？深海里有一种鱼是透明的，它的心脏能被清清楚楚地看到！"我在旁边都被她兴奋的情绪感染了。

所以，我和爱人都认为女儿的学习不用愁——她有好奇心，自驱力强，还有很好的阅读习惯。

然而，到了小学三年级，女儿在学习上遇到了困惑。

从小到大，我们总是夸女儿记忆力好，她也自认为能"过目不忘"——看过的故事书总能有声有色地讲给我听；背古诗、记各种口诀，都能快人一步。

一转眼来到了三年级。课本的内容明显比之前要难了，要背诵的东西变多了。女儿以为自己还能"过目不忘"，有一次甚至考前没有复习就去参加考试了。

结果，成绩出来后，各科成绩都下滑了十几分。女儿备受打击，沮丧地问我："爸爸，我是不是不够聪明了？"

我摸了摸她的头："加加，没关系，一次考试说明不了什么。你想想，这次考试前，你是不是没有好好复习？"

"为什么一定要复习呢？我觉得那些知识我都记住了呀，复习不就只是重复看吗。"

迷宫的启发

为了回答女儿的问题，我带她去了一趟主题乐园，那里有一座有趣的迷宫。

我说："加加，我们来比赛，看谁先走出迷宫吧！"女儿很兴奋——毕竟好玩的游戏哪个孩子都爱。

我们各自从迷宫的两个不同入口进入，开始了这场小冒险。

我仔细观察着每一个转弯和分岔口，尽量记住自己的行走路径；女儿则依靠她的直觉快速前行。不久，我就听到了她雀跃的欢呼声：她已经找到了出口，而我还在迷宫中转悠。我走出迷宫后，她得意扬扬地说："爸爸，我赢了！"

回到家后，我跟她说："宝贝，爸爸再和你玩个游戏，我们来试试能不能把今天公园里的迷宫画出来？"

女儿说："好呀！刚才走迷宫我都赢了，这有什么难的，看我再赢你一次！"

我们同时在各自的纸上开始画。因为我走迷宫的时候，对每个路口都反复斟酌过，所以脑海中对迷宫的每一条路径都记得很清楚，于是很快就画了出来。但是女儿却只画了几个零散的角落——显然她并没有记住整个迷宫的路径。

我告诉她："你看，爸爸之所以能记住这座迷宫的样子，是因为我每走一段路就回想一下之前的路线。而你虽然第一次就找到了出口，但你并没有主动了解整个迷宫的全貌，自然也不会形成对迷宫路径的清晰记忆。"

女儿听后若有所思地点了点头。

"所以，加加，你知道复习的重要性了吧！你总以为自己看完一遍就记住了，但是随着时间的推移，人的记忆都会流失，因此时常复习就很重要。不过复习也不是盲目地重复，而要遵循一定的规律。"

我告诉女儿，130 多年前德国有一个叫艾宾浩斯的心理学家，他根据人类记忆的特点，提出了著名的艾宾浩斯遗忘曲线，我们在复习的时候，参照并遵循这个规律，能达到事半功倍的效果。

从这以后，女儿开始重视复习，不再单纯追求一遍速记，并努力构建起属于自己的"知识迷宫"。我帮助她制订学习和复习计划，并且尽可能用多样化的方式来指导她复习功课。经过几次验证，女儿也发现这样的复习方式效果很好——在期末考试中，她的成绩也获得了明显提升。

科学的记忆方法

记得我上学的时候，班上总有一些聪明的同学，他们学什么都快人一等：第一个记住公式，第一个背会课文，第一个记住单词……但是，他们又往往一看就会，一做就错，因此也无法成为班里的尖子生。

很多人有个误区，以为聪明的孩子就应该学习好。然而现实显然并非如此！很多聪明孩子的确智商高，学得快，但是他们的学习成绩却没有那些不如自己聪明的孩子好。

因为只有持续学，不断复习，才能更好地掌握知识。

正如众人皆知的"龟兔赛跑"告诉我们的那样：胜负的关键不是你在短时间内奔跑的速度，而是你是否朝着正确的方向持续奔跑。

所以，即使你拥有聪明的大脑，也需要通过科学的复习来巩固记忆。复习重要，科学地复习更重要。

如何科学地复习呢？

1885 年，艾宾浩斯在他的《记忆》一书中，基于人类大脑的特点和记忆的原理，提出了艾宾浩斯遗忘曲线。根据这一曲线，人们总结出了艾宾浩斯记忆法——这套方法不仅包括如何规划记忆和复习的时间，还包括多样化的学习策略，是一套完整的"组合拳"。

在女儿学习和成长的过程中，我用这套方法帮她提高了学习效率，培养了学习兴趣，助力她成为名副其实的"学霸"，让她成为了一个快乐自信的孩子。

我在自己的社群分享过这套方法，也向很多家长和孩子分享过，并成功地帮助了很多孩子改善学习问题，提高学习成绩。不少家长和孩子都觉得这套方法好用，建议我把这套方法系统地写成书，从而帮助更多人。

于是就有了你手里的这本书。

这本书是基于艾宾浩斯遗忘曲线和人类大脑记忆的基本原理，结合了我个人的学习经验、女儿成为学霸的实践经验和我帮助过很多孩子提高学习成绩的咨询经验，总结出的一套实用的记忆和学习方法。

希望通过这本书，让更多人学会科学记忆，高效复习，从而提高成绩，成为快乐的学霸。

本书若有不足之处，欢迎广大读者批评指正。

目　　录

第一章
揭示记忆和遗忘的底层逻辑

记忆和遗忘，如同硬币的两面，是我们认知世界的两个紧密相连且同等重要的维度。它们相互作用，奠定了我们理解世界、吸收知识、处理经验和适应环境的基础。

理解记忆和遗忘的机制，对于每个人的学习成长、认知发展，乃至心理健康都非常重要。

第一节　记忆究竟是什么

记忆是大脑对客观事物的信息进行编码、存储和提取的过程，它让我们保留经验和学习的结果，并在需要时使用这些信息。记忆的形成过程涉及大脑的多个部分，特别是海马区、前额叶和大脑皮层等区域。记忆力因人而异，并且受多种因素的影响，包括遗传、健康状况、心理状态、环境因素，以及个人的学习习惯和学习策略等。

记忆是如何产生的

先给大家讲一个我女儿的故事。

女儿特别喜欢看历史纪录片。某个周末，我陪她看了一部关于古埃及文明的纪录片。

影片中，金色的金字塔在阳光下闪闪发光，沙漠中的骆驼队缓缓行进，叙述者用悠扬的声音描述着法老和祭司的故事，女儿似乎被那个远古的世界完全吸引住了。

看完后，我问她："宝贝，你还记得法老是怎么统治他的王国的吗？"她停顿了一下，眉头微微皱起，似乎在努力回想。然后，她摇了摇头："爸爸，我只记得金字塔和沙漠，但法老的故事我记不清了。"

这有点出乎我的意料，因为她看得那么投入，我以为她会很清晰地记住片中的细节。

接下来的几天，我专门在晚餐时与她分享一些有关古埃及的故事，试图用我的理解将纪录片中的历史知识讲得更生动。我给她讲述法老的智慧、祭司的神秘仪式，以及古埃及人的日常生活。女儿听得津津有味，还饶有兴趣地和我讨论。

之后，当我再次问她关于古埃及的故事时，她不仅记得法老和祭司，还加入了自己的理解和想象。听着她沉浸式的讲述，我深刻地认识到，就算是自己感兴趣的知识，想要准确、完整地记住，也需要一个重复输入和输出的过程。

那么，记忆究竟是如何产生的呢?

记忆的产生是一系列复杂的生物学和心理学过程，这个过程可以分为以下 4 个阶段，如图 1-1 所示。

图 1-1　记忆产生的 4 个阶段

1. 编码

编码是记忆产生的第一步，它从我们对周围世界的感知开始。

当我们通过视觉、听觉、触觉、味觉和嗅觉等感官接触到环境中的刺激时，这些感官信息便被转换为神经信号，这个过程被称为

"感知"。例如，当我们看到一朵花或听到一段音乐时，我们的大脑就接收到视觉或听觉的刺激。

一旦接收到这些感官信息，大脑就开始对其进行"编码"。编码的过程是大脑将感官信息转换成可以被进一步处理的神经信号。这些神经信号将在大脑中的不同部位进行进一步的处理和解释。同时，编码过程还涉及对这些信息的初步处理和解释。例如，当我们看到一张熟悉的面孔时，大脑首先识别出其特征，紧接着会立即关联到该面孔对应的名字和与之相关的记忆。编码是记忆的基础，如果没有感知和有效的编码，信息就无法进入更深层次的记忆存储阶段。

编码的质量和效率直接影响记忆的准确性和持久性。

2. 存储

一旦信息被感知并经过编码，它接下来的命运就取决于大脑如何对其进行存储，以形成记忆。记忆主要分为两类：短时记忆和长时记忆。短时记忆是我们对信息的即时和短暂存储，持续时长一般为1分钟以内。例如，我们在拨打电话前，试着去记住一个陌生号码时，使用的就是短时记忆。短时记忆的特点之一是所记忆的信息不需要大脑的深层次加工，通常依赖重复来记住信息——这就是为什么我们要在心中默念或在口中不断重复那个电话号码，才能在我们拨打它之前一直记着它。

如果不对短时记忆的信息进行进一步加工，这些信息通常很快就会从大脑中消失，记陌生号码如此，我女儿看历史纪录片也是如此。

经过信息加工后的短时记忆，才会变成长时记忆。

长时记忆的容量和持续时长远远超过短时记忆，其持续时长从几小时到一生不等。短时记忆到长时记忆的加工可能涉及对信息的深度思考、与已有知识的关联、对知识的重复，以及对信息的情感链接。

例如，一段特别的经历或与某种强烈情感相关的事件更容易成为长时记忆。

记忆的存储涉及信息的保存、组织和重构，使我们未来能够有效地检索和使用这些信息。

3. 巩固

在短时记忆到长时记忆之间，存在一个转换过程，这个过程就是巩固。如果缺少有效的巩固，新信息很难长时间保留。要想让记忆稳定持久，必须不断巩固。

在巩固过程中，大脑的海马及其周围结构扮演着重要的角色。海马位于大脑颞叶内侧，因其结构形状和海马相似而得名。海马对于新信息的编码和初步存储至关重要，同时也是短时记忆和长时记忆间的一个枢纽，类似守门人的角色。它帮助大脑将新的经验和信息与已有的记忆联系起来，并在一定程度上促进这些信息的长期存储。

巩固的过程涉及多种机制，其中最重要的是重复和关联。通过重复某个信息，可加强大脑中相应神经网络的连接，从而使记忆更牢固。这种重复可以是有意识地复习，比如反复学习课本上的知识；也可以是无意识的，比如经常回想起某段特别的经历。

除了重复，将新信息与已有知识或经验相关联也是巩固的一种重要方式。当我们获取新信息时，如果能将它与我们已知的事实或概念联系起来，这些信息就更容易被转移到长时记忆中。

例如，学英语时，将新词汇与已知的词汇或概念联系起来，可以帮助我们更好地记住这些新词汇。比如当你学习一个新单词 dinosaur（恐龙）时，你可以把它与自己已知的单词 reptile（爬行动物）联系起来。Dinosaurs are a type of reptile.（恐龙是一种爬行动物。）

除了与已知信息关联，还可以与情感关联——那些与情感关联度比较大的信息，往往都比较容易被记住。

巩固的方法还有很多，本书内容的主要落脚点，正是在巩固记忆的一系列方法上。

4. 提取

记忆提取是大脑回忆或调用信息的过程。记忆提取可以是自发的，如突然想起某件事；也可以是有意识的，如在考试中努力回忆学过的内容。

记忆提取过程的有效性受多种因素的影响。

首先，注意力对提取过程至关重要。专注于特定任务或信息时，我们更容易从记忆库中提取相关信息。情绪状态也显著影响记忆的提取。情绪与记忆之间存在着密切联系。例如，当我们处于与初始记忆形成时相似的情绪状态时，当时的记忆更容易被提取。而过度的压力或焦虑有时则会阻碍有效的记忆提取——这就是为什么考试或讲话紧张时会出现"大脑空白"。

环境线索对记忆提取同样起着重要作用。我们的大脑往往会将信息与特定的环境联系起来。因此，当我们身处的环境与初始学习环境相似时，记忆更容易被提取——这就是为什么有时候回到某个特定地点我们会突然回想起在那里发生的事。

此外，记忆提取并不总是完美无缺的。有时，我们可能会"提取失败"，也就是尽管信息存储在大脑中，但我们还是无法将它回忆起来。

记忆不只是静态地存储，还有一定的可塑性，每次我们提取记忆时，这段记忆都可能被稍微修改或重构。

记忆的构成和使用由编码、存储、巩固和提取这4个部分组成。记忆的编码、存储和巩固影响着记忆的提取效率和质量。本书将重点探讨各类记忆的方法，帮助你实现高效记忆。

大脑有时会欺骗你

女儿小时候，我常带着她去不同的公园玩。

那年，她上幼儿园中班。有一次，我们去了家附近新修的一座公园，公园里有个红色的跷跷板，造型独特，她特别喜欢。她让我在另一边压着，陪她"起、落、起、落"地玩了好久。

第二天，她吵着还要去那座公园玩，说想玩那个黄色的跷跷板。我很奇怪，那个跷跷板不是红色的吗？女儿怎么说是黄色的？

于是我质疑起女儿的记忆。

女儿却十分确定地说："那个跷跷板就是黄色的呀！就是黄色的！就是黄色的！"

我本想说服她不要再去那座公园玩了，但看她如此执拗，于是我决定带她去玩，顺便看一看那个跷跷板到底是什么颜色的。

我们到了公园，看到那个跷跷板后，我傻了眼，原来女儿是对的，那个跷跷板真是黄色的！我回忆起那个跷跷板时，脑中浮现出来的分明就是红色的——那么鲜明、那么清晰，可现实竟然与我的记忆完全不同。

相信很多人都会有这样的经历：同学聚会时，常常有同学说起一段往事，另一个同学会纠正他的错误并说出另一个版本，还可能有第三个同学补充更多的版本。因为无从考证，所以谁也不清楚到底谁的版本是对的。

而那个跷跷板，分明就是我昨天见到的事物，我却完全记错了它的颜色。

关于记忆，我们普遍有 4 点误区，这些误区叫能会影响我们对记忆的认知。这 4 点误区如图 1-2 所示。

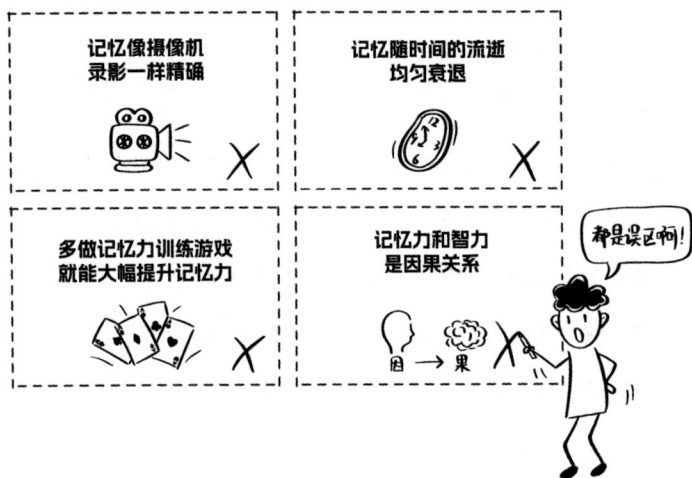

图 1-2　关于记忆的 4 点误区

1. 记忆像摄像机录影一样精确

许多人错误地认为人类的记忆能够像摄像机录影一样精确无误地记录下每一个细节，但实际上，人的记忆远不如我们想象中的那样准确和可靠。记忆是一个极其复杂且主观的心理过程，它不仅受到当时主体感知的影响，还受到个人情绪、信念、既往经验和环境因素的影响。

当我们经历一件事的时候，大脑并不会主动地记录下所有发生的细节。我们的感知系统只能捕捉到有限的信息，而这些信息本身就有可能因为各种原因（如注意力分散、感知误差等），在我们的大脑中产生不完整或有偏差的记忆。

这时候，我们的大脑会根据自己的经验和知识背景来解释这些信息，或补全缺失的信息，这种解释或补全的过程往往带有一定的主观性，很有可能会改变或忽略某些细节。

比如公园的跷跷板，对女儿来说，是她喜欢的玩具；但对我而言，跷跷板本身并不重要，我当时的注意力集中在女儿身上——我更关心她的安全，所以我的大脑就将其误记成了错误的颜色。

随着时间的推移，记忆也会发生改变。每当我们回忆起一段往事时，实际上就是在重建那段记忆，而非简单地从记忆库中"调取"一段完整的记录。在重建的过程中，新的信息可能会被融入其中，而原有信息则可能会被改变或干脆被遗忘。

所以，人类的记忆并非"完美的记录工具"，而是一个动态的、受到多重因素影响的过程。记忆的这种特性导致其在日常生活中可能会出现误导，但同时也是人类大脑适应复杂世界的一种方式。

由此，我们在复习的时候，不要一味相信自己脑中的记忆，更不要觉得自己能够记起来就代表自己都记住了。必要的时候，我们要打开课本、笔记、录音、视频等相对客观的信息载体来验证记忆。

2. 记忆随时间的流逝均匀衰退

通常人们认为，记忆会像沙漏中的沙子一样，随着时间的流逝均匀而稳定地流失。但实际上，记忆的衰退过程要复杂得多，它遵循的并不是一个简单的线性规律。

记忆的保持和丢失受多种因素的影响，包括记忆的类型、记忆时的情绪状态、记忆的巩固程度，以及个体的生理状况等。

不同类型的记忆衰退速度不同。比如，涉及强烈情绪体验的记忆（如结婚典礼、某个重要考试的日子等）往往比日常琐事（如某天午餐吃了什么）的记忆更为持久。这是因为情绪驱动的记忆往往伴随着更显著的神经活动，这使它们在大脑中留下的记忆痕迹更深刻、更持久。

记忆的初始编码也会影响其衰退速度。深度处理和理解某个信息时形成的记忆，比仅仅进行表面处理（如简单重复）的记忆更加稳固。这是因为深度加工的过程是将新信息与已有信息进行连接，这样形成的记忆，不容易随着时间的流逝而衰退。

记忆的衰退不是一个均匀的过程。一般来说，新形成的记忆在最初几天内衰退得最快，之后衰退速度会逐渐放缓。这就像在一块黑板上写字，最初擦去字迹很容易，但随着时间的推移，那些残留的字迹会越来越难以消除。

3. 多做记忆力训练游戏就能大幅提升记忆力

市面上充斥着各种声称能够提升记忆力的游戏，如数字记忆游戏、单词记忆任务、图形匹配游戏等，它们的目的是通过重复练习来锻炼和改善记忆。然而，尽管这些游戏在某些方面可能对提升记忆力有所帮助，但效果是非常有限的。记忆是人脑一项复杂的认知功能，它有多种类型，而这些记忆游戏通常只能训练特定类型的短时记忆。例如，数字记忆游戏主要锻炼的是工作记忆，特别是数字方面的工作记忆。

记忆力训练游戏的效果往往仅限于游戏本身。换句话说，通过这些游戏获得的能力往往不能迁移到其他记忆任务中。例如，一个人可能在数字记忆游戏中表现出色，但这并不意味着他在背诵语文课文，记英文单词，背历史、地理知识等方面也会一样出色。

但是，记忆力训练游戏证明，有效的方法和技巧对提升记忆力是有帮助的。需要注意的是，不同的记忆方法和技巧有不同的适用性，而且需要一段时间的练习才能熟练运用。

4. 记忆力和智力是因果关系

常有人将记忆力与智力等同起来，认为拥有强大记忆力的人智力也一定很高，但实际情况却更为复杂。虽然记忆力和智力之间存在一定的关联，但它们属于不同的认知领域，各自具有独立的特点和功能，并非因果关系。

记忆力主要是指个体编码、存储、巩固和提取信息的能力。智力则是一个更广泛的概念，涵盖了逻辑推理、问题解决、抽象思维、对复杂概念的理解、学习能力，以及适应新情况的能力等多个方面。

实际上，智力高的人，会具备较强的记忆力，但是记忆力好的人，智力却并不一定很高。因为智力不仅涉及信息的记忆和提取，还包括对这些信息的分析、处理和应用。

有些人可能拥有出色的记忆力，但在解决问题、逻辑思维或创造性思考方面却表现平平。这类人在学习中表现出来的特点是，语文、英语、历史、地理等文科成绩较好，数学、物理等理科成绩却一般。

相反，也有些人可能在记忆上表现一般，但在理解复杂概念、逻辑推理或创新思维方面表现出色。这类人在课业学习中表现出来的特点往往与前者相反。

以上是我们对于记忆常存在的 4 点误区，理解这些误区有助于我们更科学、更客观地看待记忆，更有助于我们改善记忆。

这些事竟然影响记忆力

继续讲讲女儿的故事。

女儿今年 13 岁，她总和我说，她的记忆力就像一盏时明时暗的灯，有时能照亮她脑海中的每个角落，有时却让她陷入昏暗之中。

"有时候，我能迅速地记下老师在黑板上写下的复杂公式，就像我的大脑自带了快速拍照功能。"她说。

我记得有一天下午，她兴奋地跑回家，嘴里念叨着一串数学公式，然后一字不差地在家里的白板上写了出来。那时，她的眼睛里闪烁着快乐和自信的光芒。

但有时候，她也会沮丧地坐在桌前，眼睛盯着书本，满脸痛苦。

在一次历史考试后，她说自己明明复习了很久，上了考场却发现重要的年份和历史事件全都忘了。那天晚上，她无助地问我："爸爸，为什么我的记忆力这么不稳定？"

看着她困惑的目光，我告诉她，记忆就像海浪，有时平静，有时汹涌，它会受许多因素的影响，比如压力、睡眠质量和情绪状态。"你要学会接受这些起伏，同时找到适合自己的记忆学习方法。"

那天晚上，我带着她整理了房间，制订了一份详细的复习计划，我还带着她做了一些冥想练习，慢慢地让她放松下来。看着女儿从焦虑到平静，我也意识到，作为家长，我能做的不仅是督促她学习，更重要的是支持和陪伴。

影响记忆力的因素有很多，除了遗传、年龄、大脑健康状况，以及是否充分练习等因素外，还有以下 4 个因素需要我们重点关注，如图 1-3 所示。

图 1-3　与记忆有关的 4 个因素

1. 心理因素

情绪和压力对记忆有着显著且复杂的影响。一方面，强烈的情绪体验，无论是积极的还是消极的，往往都能够增强记忆；另一方面，长期的压力和焦虑情绪也可能对记忆产生负面影响。

当人们经历强烈的情绪体验（如极度的喜悦、惊讶、恐惧或悲伤）时，这些情绪激发的事件通常会被更深刻地铭记。

然而，当情绪体验转化为长期的压力和焦虑情绪时，会导致体内压力激素（如皮质醇）水平升高，这会对大脑，尤其是记忆相关区域产生负面影响。长期的高皮质醇水平会损害海马的神经元，这会影响其在形成和提取记忆方面的功能。

此外，持续的压力和焦虑情绪还可能导致注意力和认知资源分散。当我们持续处于高压状态时，我们的注意力可能会更多地集中在压力源上，而不是当前的任务或新信息上。这会影响新信息的有效编码和存储，进而影响记忆的形成。

2. 注意力

记忆的第一步是信息编码，在这一过程中，注意力发挥着至关重要的作用。当我们全神贯注于某些信息时，大脑更能有效地将这些信息编码并存储于记忆中。

集中注意力有助于加强大脑处理信息的能力。相信你有过这样的体验，在注意力集中的状态下，我们的大脑能够更细致和深入地处理信息，从而形成更加稳固和持久的记忆。例如，在阅读时，越专注，越能更好地理解和记忆我们所阅读的内容。相反，一旦你在阅读过程中分心，信息编码的过程就会受到干扰，分散的注意力可能导致大脑无法充分处理信息，从而影响记忆的质量和准确度。在有手机、平板电脑、电视等各类声音干扰的环境中学习，就可能会降低学习效率，因为大脑的部分认知资源被分散了。

注意力不仅影响记忆的编码，也影响记忆的提取。当我们试图回忆某个特定信息时，集中注意力可以帮助我们更有效地从记忆库中检索信息。如果我们在回忆时心神不宁，或者被打扰，会难以准确地回忆起所需信息。

3. 信息互动

人是社会性生物，人与人的互动对认知发展和记忆强化有着至关重要的作用。

信息互动往往涉及信息的交换和分享，这个过程可以激活记忆。在交流和讨论中，我们不仅要回忆已知信息，还要理解和处理来自他人的信息，这种动态的信息处理过程有助于我们加深对知识的理解和记忆。例如，在小组学习讨论中，通过分享和听取观点，我们能更全面地理解和记住新知识。

信息互动常常伴随着情感体验，而情感可以加强记忆的形成——我们更容易记住与情感体验相关联的信息。人与人的互动提供了语言和思维的实践机会。在社交环境中，我们不仅要理解和记忆信息，还要用语言表达和沟通。这个表达和沟通的过程要求我们从记忆中提取信息并以合适的方式"说"出来，从而加强记忆并提高信息提取能力。

此外，信息互动还能让我们的大脑接收到更多元的内容，有助于我们拓宽知识视野和扩充记忆库。与不同背景和经验的人交流，使我们接触到新的信息和观点，丰富我们的记忆库。

4. 健康的生活方式

健康的生活方式对记忆也有显著的影响，其中睡眠、饮食和运动是三个关键因素。

我们睡觉的时候，大脑会重新整理并处理白天学到的信息，将其从短时记忆转变为长时记忆。优质的睡眠对于清除大脑中的代谢废物、维持神经系统的健康至关重要，因此充足的睡眠对保持良好的记忆必不可少。

饮食直接影响大脑健康和记忆功能。均衡的饮食可以提供大脑所需的各种营养素，从而保持正常的认知功能。

定期的运动能够促进大脑血液循环，提高脑细胞的氧气和营养供应量。这不仅有助于提升我们的认知能力，包括注意力、记忆力和思维敏捷度等，还能促进新神经细胞的生长和神经连接的强化，从而有助于记忆的形成和保持。

第二节　如何理解遗忘

遗忘是大脑丢失或无法有效提取所存储信息的现象，是记忆过程中的自然环节，同时也是大脑对信息进行优化和筛选的一种方式。

遗忘可能由多种原因引起，如信息编码不足、存储记忆的逐渐衰减、新旧信息之间的相互干扰，以及大脑的生理变化等。但是，遗忘并非全是负面的，它可以帮助我们筛选掉不重要或不相关的信息，进而提升大脑处理信息的效率。

遗忘是人类的自我保护机制

上初中之后，女儿的课业负担明显增加了，学校的大考小考比小学时候频繁很多，她常常需要同时复习多门功课。有一次，她气冲冲地问我："爸爸，你不是总说人类的进化是朝着更有利于生存的方向进行的吗？人的大脑那么聪明，为什么会忘记啊？为什么不能过目不忘呢？"

我笑着说："因为'忘记'是有利于人类生存的。"

她头摇得像拨浪鼓，说道："怎么可能！这些知识我明明记住了，现在却又忘了！这也叫有利于人类生存？"

我摸摸她的头，说："遗忘对你的课业学习来说也许是负面的，但从整个人类发展的视角来看，遗忘确实是一种有利于生存的生理机制。"

在小说中，我们常常会遇到一些能"过目不忘"的人物，他们仿佛拥有行走的摄像机和存储器，只需一眼就能记住所看过的每一处细节，并且永远不会遗忘。

很多人都希望自己也拥有这样的特异功能，我女儿也是如此。然而，拥有"超强记忆力"并没有我们想象中那么美好。

实际上，不会忘记也是一种病——在医学上被称为"超忆症"。患有"超忆症"的人，确实在学习和记忆方面有显著优势：他们能够回忆起所有的经验和信息，从而更准确、更全面地做出决策；他们能够记住与人交往的每个细节，从而更得心应手地处理人际关系。

但是，既然被视为一种"病"，那么它所带来的负面影响显然是大于正面影响的。

比如，由于无法忘记任何经历，包括痛苦的记忆，可能会导致心理上的负担。通常，随着时间的推移，我们会逐渐淡忘那些负面的、痛苦的经历，这种自然遗忘的过程有助于我们从负面情绪中恢复，放下过去，继续生活。

然而，如果一个人无法遗忘这些负面经历，他就会一直带着痛苦的记忆生活。这意味着，不论过去多久，这些记忆仍然清晰如初，其所带来的情绪刺激可能像刚发生时一样强烈。

你可以试着回忆一下自己 5 年前经历过的一件你认为最痛苦、最绝望、最难受的事。相信绝大多数正常人都会发现，一些细节可能自己还有印象，但当初那种痛苦的感觉早已淡忘了。

你再回忆一件近期让你最生气的事情，你也会发现，当时自己的愤怒，现在也早已烟消云散了——即便这件事很可能就发生在昨天。

但有超忆症的人则恰恰相反，他们会记得每个细节，这其中当然也包含所有的情绪感受。这就意味着，所有的负面经历和情绪会伴随他们一生。

这种持续的、无法逃避的负面记忆可能会导致持续的情绪困扰，如慢性压力、焦虑、抑郁。心理创伤后的恢复过程通常需要重新处理和整合痛苦的记忆，但如果这些记忆始终清晰存在，这个过程就会变得更加困难。被这样的情绪所困扰的人可能根本无法停止回想那些创伤事件，更无法从中解脱出来，这可能会导致长期的心理问题，如创伤后应激障碍（PTSD）。

此外，无法遗忘负面经历还会导致人在面对类似情况时表现出过度反应或刻意回避。例如，如果某人无法忘记过去一次和朋友特别激烈的吵架经历，他就可能在之后的生活中出现社交焦虑。

无法遗忘还可能会让人难以接受新观点或改变旧的观念。人们通常通过忘记过时或错误的信息来更新知识库和观念。如果无法遗忘，我们可能会一直坚持陈旧或错误的观点，从而阻碍个人思想的进步和思维的发展。

所以，无法遗忘确实会给我们带来很多不便。那遗忘又会带给我们什么好处呢？从生物进化和适应环境的角度来看，它对人类有着以下 4 点好处，如图 1-4 所示。

| 信息管理 | 决策效率 | 心理健康 | 记忆优化 |

图 1-4　遗忘对人类的意义和好处

1. 信息管理

遗忘有助于大脑的信息管理。

人的大脑每天都要处理大量信息，如果所有信息都被永久保存，大脑的记忆存储系统将会很快过载，从而变得混乱。

遗忘使大脑舍弃了那些不重要的信息，为新的、更有用的信息腾出空间。就像我们生活中整理书架一样，只有清除不再需要的书籍，才能为新书腾出空间。

2. 决策效率

遗忘有助于提高决策效率。

决策时，如果大脑被大量过时的或无关的信息占据，这些信息就会干扰我们的思考过程，降低决策效率。只有遗忘掉那些不相关的信息，大脑才能更高效地处理信息，做出更快、更正确的决策。

比如，当决定晚餐吃什么时，你可能会突然想吃炸酱面，于是，你下意识地去胡同口的那家店点一碗。然而，如果你是一个超忆症患者，你很可能会立马回忆起关于炸酱面的所有信息，包括一些不愉快的经历，在这种情况下，你可能会感到纠结，难以迅速做出决定，从而影响决策的效率。

3. 心理健康

遗忘是我们保持心理健康的重要方式之一。

它是一种心理防御机制，有助于我们从负面情绪中走出来，毕竟忘记那些不愉快甚至痛苦的经历，可以减少我们的心理压力，有助于保持稳定情绪。

4. 记忆优化

遗忘还能促进学习和记忆的优化。

通过遗忘那些不再重要的细节，我们可以更专注于核心概念和知识的学习。大脑对知识的整理过程有助于加强我们对重要信息的理解和记忆，让知识更有组织性、连贯性，从而提高学习效率。

总之，遗忘是大脑适应环境的一种方式，是人类大脑进化过程中的一项重要功能。随着环境的变化，某些信息会变得不再重要，忘掉这些信息可以帮助我们更好地适应环境。

综上，虽然遗忘会带来诸多不便，但它在人类的认知发展和生存决策中扮演着重要角色。它不仅有助于大脑进行有效的信息管理，还可以提高我们的决策效率，有助于保持心理健康和优化记忆，以及适应环境变化。

艾宾浩斯和他的遗忘曲线

我向女儿讲解了遗忘对人类的重要性，但她依然有些疑惑。

她说："既然遗忘对人类来说是好事，那为什么我不能做到想记住什么就记住什么，想忘掉什么就忘掉什么呢？人脑为什么就不能像计算机一样，可以随心所欲地删除或者保留文件呢？"

"人脑和计算机的存储原理是不同的。计算机是使用数字化的方式来存储信息，其数据是存储在某种介质上的。计算机的数据存储是线性的和有组织的，而人脑则是通过神经元和它们之间的连接来存储信息。人脑的信息存储是非线性的，这种存储基于经验和学习，依赖于复杂的神经网络。"我解释道。

生物的进化和发展自有其规律，并不以人的主观意志为转移。这就好比我们总希望自己可以跑得像猎豹一样快，在水里游得比旗鱼还快，但是怎么可能呢？人类进化和发展到今天，很多生物性状已经决定了我们的边界。

女儿的焦虑在于，遗忘不受自己控制。确实，人类不能自主控制遗忘本身，但这不代表遗忘是没有规律的，也不代表我们不能通过科学的记忆方法，减少遗忘的发生。

现在我们明白了，遗忘并不是一件坏事。更重要的是，遗忘是有规律可循的，提升记忆力也是有方法的。而关于遗忘的规律，最经典的实验莫过于艾宾浩斯的记忆实验。

1850 年，赫尔曼·艾宾浩斯出生在德国一个富有的商人家庭。艾宾浩斯是家中的第 4 个孩子。中学毕业后，他先后就读于波恩大学、哈雷大学和柏林大学，专修历史、语言与哲学专业，直至 1870 年普法战争爆发。

战争爆发后，他参加了普鲁士骑兵团。退役后，他又回到了波恩大学，获得了博士学位。

1875 年，艾宾浩斯到英格兰留学，依靠做教师维持生活。这期间，他初步尝试做实验来研究记忆，虽然没有成功，但这为他后来的记忆实验积累了宝贵的经验。

1877 年，他来到了巴黎。在巴黎，艾宾浩斯读到了一些心理学著作，为自己未来的记忆实验打下了坚实的基础。

1878 年，艾宾浩斯回到德国，成为德国王子威德玛的法语教师，直至王子去世。

艾宾浩斯的记忆实验是他在 1879 年到 1880 年间进行的，其中包括了 163 个复式实验。每个复式实验包括识记 8 个音节组，每组 13 个音节。根据受试者在一段时间后的记忆保持和遗忘情况，得到的结果如表 1-1 所示。

表 1-1　艾宾浩斯记忆保持与遗忘实验结果

实验时距 / 分钟	记忆保持百分比 /%	遗忘百分比 /%
20（约 0.33 小时）	58.2	41.8
64（约 1 小时）	44.2	55.8
526（约 8.8 小时）	35.8	64.2
1440（24 小时，1 天）	33.7	66.3
2×1440（48 小时，2 天）	27.8	72.2
6×1440（6 天）	25.4	74.6
31×1440（31 天）	21.1	78.9

　　根据上述结果，我们可绘制出图 1-5 所示的曲线图，这就是著名的艾宾浩斯遗忘曲线。

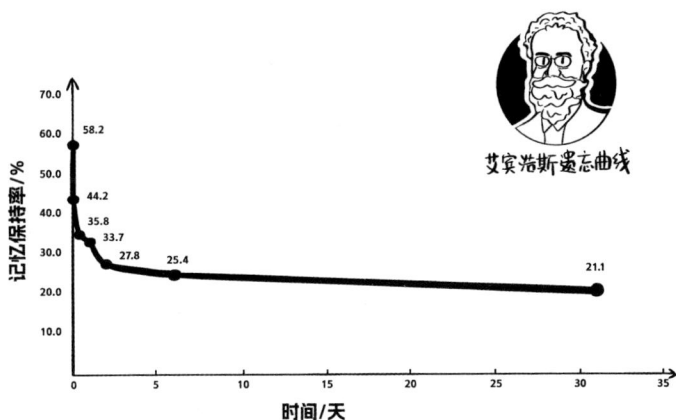

图 1-5　艾宾浩斯遗忘曲线

　　从艾宾浩斯的实验结果可以看出，遗忘是先快后慢的。在新生成一段记忆后的 20 分钟内，遗忘已经开始发生；20 分钟后，记忆只剩下不足 60%；1 小时后，记忆仅剩不足 45%；如果不复习，24 小时后，记忆仅剩 33% 左右。

一些批评者认为，艾宾浩斯的实验只是做了记忆结果的量化，并没有探究记忆的发展变化。

也有人提出，艾宾浩斯记忆实验所采用的无意义音节难免造作。无意义音节并不是现实生活中需要记忆的知识，对这些内容的记忆所呈现出来的规律与我们在实际生活和学习中需要记忆的知识所呈现出的记忆规律虽然可能有一定的共性，但也可能是不同的。

例如，你和几个多年未见的老朋友约好后天聚会去吃火锅，一想到要与他们见面你就很开心，甚至有些迫不及待，你还会联想出大家见面后的画面：吃什么，聊什么，做什么。如果在这种状态下度过 24 小时，你会遗忘后天聚会的时间、地点、人物吗？关于要聚会的记忆会仅剩 33.7% 吗？

当然，这并不是说艾宾浩斯的记忆实验没有价值，它对指导我们学习，尤其是指导我们的复习节奏有很重要的意义。或者说，艾宾浩斯的记忆实验所得出的结果并不是完美的"真理"，而是让我们明白一个道理：复习太重要了！

由于艾宾浩斯记忆实验中对记忆保持和遗忘程度的测算是按照20分钟、约1小时、约8.8小时、1天、2天、6天、31天为单位来进行的，因此有人就提出，我们的复习时间就应该设置在学完后的20分钟、约1小时、约8.8小时、1天、2天、6天、31天。

当然不是这样！

艾宾浩斯只是在记忆实验中选择了不同的时间点，以便测算出记忆随时间的线性变化，从而得出一种记忆衰退或遗忘发展的趋势，并不是说要根据这些时间点来设置复习时间。

应用艾宾浩斯遗忘曲线时，我们要看的是趋势，而不是具体的数值。

基于艾宾浩斯遗忘曲线给我们的启示，我总结出了6个要点，如图1-6所示。

图1-6　艾宾浩斯遗忘曲线的6点启示

1. 定期复习

艾宾浩斯遗忘曲线表明，接收新信息之后如果不复习，遗忘的速度会很快。尤其对学生来说，仅读一遍课本或听老师讲一堂课是不够的，为了更好地记住所学内容，定期复习是必要的。

2. 尽早复习

复习的时间很有讲究，早复习比晚复习效果更好，越早复习效果越好。我们在学习新知识后，要尽快进行复习，以巩固记忆。

3. 间隔复习

随着时间的推移，信息的遗忘速度会逐渐减慢，这意味着复习的间隔时间可以逐渐延长。但因为学习初期，人们对新知识的遗忘速度比较快，所以在初始阶段应保持频繁复习。

此外，分散学习（即在一段时间内分步复习）比集中式学习（在短时间内密集学习）更有效。也就是说，我们应该把学习任务打散，规划学习时间，避免在考试前突击复习。

4. 主动回忆比被动阅读更有效

艾宾浩斯的研究强调了主动回忆的重要性。与被动阅读相比，尝试主动回忆学习内容可以更好地巩固记忆。

5. 多种学习方式相结合

为了对抗遗忘，将多种学习方式（如听觉学习、视觉学习、动手实践等）结合起来可能会更有效，因为它们可以从不同的角度加强记忆。

6. 理解重于死记硬背

我们要深入理解所学知识，而不仅仅是对表象的记忆，这样可以减缓遗忘的速度。这意味着我们应该注重理解知识的本质，不要只记住表面的事实。

通过理解和应用艾宾浩斯遗忘曲线，我们可以更有效地规划学习时间和制定学习策略，从而提高学习效率和记忆效果。

从短时记忆到长时记忆

某年大年三十的下午，爱人吩咐我去超市买东西。

女儿见我出门，吵着要跟我一起去。

"爸爸交给你个任务，记住我们一会去超市要买什么。"女儿觉得很好玩，信誓旦旦地说她肯定记得住！

其实我就是随口一说，没想到她认真起来了。以前，我会把要买的东西记在一张纸上，后来有了手机，我就记在手机的备忘录里。

我拿出手机，一边记录一边对女儿说："记住，我们要买韭菜、南瓜、豆腐、鸡蛋、年糕、瓜子。"

女儿自信地点了点头说："就这么点儿东西，我还以为多少呢。"

然而，等我们到达超市，她却只记得三样要买的东西，其他的就全都忘了。

我借机告诉她，这就是短时记忆的特点——短时记忆就像大脑的便签纸，能够快速记住信息，但容量有限，如果不经过复习的话，很容易忘记。

然后，我问她是否还记得我们去年的大年三十做过什么。她闭上眼睛，思索了一会，然后眼睛一亮，兴奋地说："当然记得，我们去年大年三十下午也去超市买东西了，你还带我去附近的公园玩了一会。"她的脸上洋溢着快乐的笑容。

我微笑着向她解释，这是长时记忆。长时记忆就像心灵的仓库，能够存储大量的信息，经过时间的沉淀，那些特别的、情感丰富的记忆会被保留得更久。

"通过反复练习，以及将信息与情感或特定的场景联系起来，我们可以将短时记忆转化为长时记忆。"

那天在超市里，我们边购物边讨论了如何通过各种方法加强记忆，比如重复回顾、联想和讲故事等。女儿听得津津有味，不断地点头。

短时记忆和长时记忆是人类记忆系统的两个主要组成部分，它们各自有着不同的特点和功能。

短时记忆是指大脑暂时存储和处理信息的能力。它相当于心智中的一个临时"工作台"，在这个空间里，信息可以短时间地保留，并用于当前的思考和解决当下的问题。但是，短时记忆的容量是有限的。

1956年，曾任美国心理学会会长的美国心理学家乔治·米勒（George A. Miller）在《心理学评论》（*Psychological Review*）上发表了一篇名为《神奇的数字 7±2；我们信息加工能力的局限》（"The Magical Number Seven, Plus or Minus Two: Some Limits on Our

Capacity for Processing Information"）的文章。米勒认为，人的短时记忆只能记住 7±2 个组块（chunk）的信息。

短时记忆中的信息通常只能保存几秒钟到 1 分钟，如果没有重复或进一步加工，这些信息很快就会被遗忘。同样，注意力的转移或新信息的干扰也会缩短大脑对短时记忆中的信息的保存时长。

长时记忆是指大脑长时间保存信息的能力。与短时记忆不同，长时记忆涉及信息的长期保存和提取。

人类长时记忆的容量远超短时记忆，目前没有证据表明大脑的长时记忆存在"容量限制"。所以，当有人戏称"脑子不够用"时，这往往只是一种自嘲或自我设限的说法。

长时记忆可以持续很长时间，可能是几天、几十年，甚至一生，编码过程也更为复杂，涉及事件的意义和情感等方面。长时记忆的检索可能依赖于线索或触发器，并可能因干扰、线索缺失或其他因素而遭遇困难。

在学习中，我们当然希望将短时记忆转变为长时记忆，那么如何做到呢？主要方法包括以下 6 种，如图 1-7 所示。

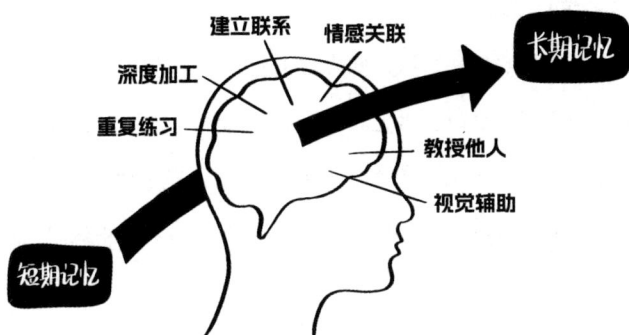

图 1-7 做到记忆巩固的 6 种方法

1. 重复练习

经常地、有意识地重复练习是最基本的、必要的，也是最有效的方法之一。重复这些信息，可以强化大脑中神经网络的连接，使记忆更牢固。

2. 深度加工

俗话说："会了不难，难了不会。"所谓"会"，就是对知识进行了深度加工。深度加工指的是深入理解学到的知识，而不是简单地机械记忆。要深度加工知识，就要思考知识的意义，同时学会用自己的话将知识重新表述出来。

3. 建立联系

如果你在学习某个历史知识之前看一些相关纪录片，那么你在学习历史时就会感到轻松。因为将新知识与你已知的知识或经验相联系是一种有效提升学习效率的方法。通过建立这种联系，你可以在大脑中构建一个更广泛的记忆网络，这有助于你回忆起所学内容。

4. 情感关联

回忆往事时，我们会发现，我们记住的大多是那些特别高兴的或难过的事情，而那些平淡如水的生活细节，好像很难回忆起来。记忆心理学表明，我们更容易记住那些与强烈情感相关的事件。因此，如果你能够将学习内容与个人的情感体验联系起来，那么这些信息很有可能转化为长时记忆。

5. 教授他人

向别人解释或教授你刚学过的内容可以显著提高信息转化为长时记忆的可能性，也就是用输出倒逼输入。这种方法会迫使你以更深入、清晰的方式理解自己所学到的知识，在教别人的同时，自己学到的也会更多。

6. 视觉辅助

一般来说，看图比看文字获取信息的效率更高。使用图形、表格等视觉内容来学习，学得更快，记得也更牢。例如，思维导图、概念图就是比较典型的视觉辅助工具，可以作为记忆的线索，帮助大脑巩固和回忆信息。

通过运用以上这些方法，你可以有效地将短时记忆转化为长时记忆，从而提高记忆的稳定性和持久性。

第二章

利用艾宾浩斯遗忘曲线，实现高效记忆

第一节　科学记忆的有效策略

艾宾浩斯遗忘曲线揭示了记忆保持的规律。根据这一规律，我们可以采取多种记忆策略提升记忆力，其中比较典型的有间隔复习、主动回忆和多样化复习3种。这3种方法也是利用艾宾浩斯记忆法进行复习所要遵循的基本原则。

巧用间隔复习，掌握节奏

某个周日的早晨，女儿起床后，急匆匆地打开生物课本——明天要考生物，但之前她完全没有认真复习过，于是她就想用一天的时间集中突击一下。

"加加，你怎么之前不好好复习，非要等到考试前一天才突击呢？"

她说："生物不是主科，况且也没那么难，用一天时间复习足够了！我们班里一个成绩很好的同学也是这么说的。"

我说："临时抱佛脚可不是好习惯。"

但她自信地说："放心吧，肯定没问题！"

然而到了晚上，她从房间里出来，有点不高兴，和我吐槽，说因为知识点太多了，很难全都记住，导致自己很焦虑，果然，考试成绩不尽如人意。

我摸着她的头，告诉她，吃一堑长一智，以后不要临时抱佛脚了，一定要踏踏实实复习，做好规划，用好间隔复习的方法，这样成绩才能提高。

间隔复习法是一种基于艾宾浩斯遗忘曲线的高效记忆策略，它通过在不同的时间点重复学习来加强记忆。

这种方法的关键在于合理安排每次复习之间的时间间隔。所谓"间隔"，是指在两次复习之间的时间段，这个时间段可以根据学习内容的难度和个人记忆能力逐渐延长。

间隔复习的周期通常建议为 5 到 6 次，最初几次复习的时间间隔比较短，随后逐渐延长时间间隔。以下是一个具体的间隔复习计划示例。

第 1 轮复习：*初次学习后的 24 小时内*

第 1 轮复习是记忆的关键过渡阶段，主要目的是巩固新学的知识，这一阶段的核心在于重新阅读学习材料，整理笔记，以确保对知识的初步理解和记忆。通过将初次学习的内容转换成结构化和易于记忆的形式，可以为后续更深入的学习和理解奠定坚实的基础。

这个阶段是反思和自我评估的好时机。你需要思考哪些内容你已经理解得非常透彻，哪些内容还需要进一步学习。通过这种自我评估，你可以在后续的复习中更有针对性地安排学习。

第 2 轮复习：*初次学习后的 3 ～ 5 天*

在第 2 轮复习中，复习的核心转向了自我测试和讨论，重点关注对知识的理解和应用。这个阶段的主要目的是进一步巩固记忆，并从不同视角加深对知识的理解。

第 3 轮复习：*初次学习后的 1 周内*

在初次学习后的 1 周内，可以试着通过将知识教授给别人和应用实际案例来完成复习。

教学和实践让你的学习从被动接受转变为主动参与和互动。这种方式不仅让学习变得更加生动和有意义，还会使你感受到自己所学知识的价值。

第 4 轮复习：*初次学习后的 2 周内*

到了第 4 轮复习阶段，除了复习原来的知识外，复习重点可以放在对知识的深入研究和扩展上。这样可以巩固对已经学会的知识的记忆，更全面地掌握学习内容，并将这些知识内化于心。这一阶段的学习有助于对知识的深层次理解和应用。

第 5 轮复习：*初次学习后的 1 个月内*

这一阶段的复习重点可以放在应用上。这一阶段的复习是动态的过程，你需要在实践中随时调整自己的方向。

对于提高成绩来说，多做习题或试卷肯定会更有效。这时候做的题不能只是之前练习过的题目，可以做一些之前没做过，或者比较难的题目。

第 6 轮复习：*初次学习后的 3 个月内*

在这个阶段，复习的目标变成了对所学知识进行全面回顾并将其整合为长时记忆。这时候需要复习的并不是一个知识点，而是与学科相关的所有知识点。通过这种方式，所学的知识才能够逐渐被融合成一个相互联系的知识网络。

在本轮复习中，你需要对所学知识进行一次全面回顾，并重新审视你在过去几个月中所学的所有重要概念和知识点，理解它们之间的联系。你可以通过重新阅读教材和笔记，回顾所有自己做过的题目（尤其是错题）的方法，进一步巩固对知识点的理解和记忆。

需要注意的是，这里的第×轮复习，是"轮"，而非"次"，每轮复习可能会进行1次，也可能进行多次。

本书中所有第×轮复习的时间所参考的都是实际课业学习状况的大致时间，而非绝对时间——毕竟没有人会拿着秒表数着自己应该在几分几秒后开始复习某个知识。此外，知识的学习是连续的、有进程的，十分精确地计算学习间隔时间没有意义。

间隔复习的目标是将信息从短时记忆转移到长时记忆中，从而实现信息在大脑中的长期保存。这个复习策略的关键在于，随着时间的推移，复习间隔时长逐渐增加——因为随着对记忆的不断巩固，人的遗忘速度会减慢。

由于每个人的记忆能力和学习速度不同，因此间隔时间也不是一成不变的，而是应根据个人实际情况进行调整。如果在复习过程中发现某些内容记得不牢固，可以缩短间隔时间，增加复习的频率，以便更好地巩固这些知识点。

善用主动回忆，激活大脑

一天，女儿在复习历史，我看她眉头紧锁，状态不是很好。

"准备得怎么样了？"

她叹了口气，说："爸爸，这些知识点我明明都看过好几遍了，但为什么它们在我的脑海中还是模糊的，好像都没记住。"

我想了想，出了一个主意："你把书合上，再系统地回忆一下昨天我们讨论的中日甲午战争的前因后果和发展脉络。"

在我的鼓励下，女儿闭上了眼睛，开始努力回忆。

最初，她只能回忆起一些零散的信息，在我的引导下，她慢慢开始串联起更多的细节。不知不觉，她竟然把中日甲午战争从头到尾讲完了，虽然过程中有一些小细节不准确，但书中几个零散的知识点通过这一主题被她有序地串联了起来。

我告诉她，这就是"主动回忆"——它迫使大脑深入挖掘记忆，而这个过程本身就能够有效地加强记忆。

随后，我和女儿一起进行了一个小实验。

我从她的笔记中随机选了几个重要历史事件，让她在不看笔记的情况下，尽量回忆这些事件的细节，每次她回忆完后，我再让她查看笔记，把自己的记忆与笔记中的内容做对比。

实验过后，女儿告诉我，尽管最开始回忆起来很困难，但每经过一次主动回忆，相关信息就在她脑海中变得更加清晰且牢固。

"我发现我能够回忆起更多细节，甚至包括那些我以为已经忘记的知识点，太神奇了！"

主动回忆（Active Recall）是一种高效的学习和记忆策略，指的是个体主动地、有意识地从记忆中提取过去学过的知识或经历过的事件的过程。

通过将知识主动内化，并运用自己的语言进行输出，我们可以更好地联系和理解零散的知识点。那么，如何主动回忆呢？这主要有以下 5 个要点。

1. 主动回忆而非被动重复

在没有查看书本和笔记的情况下，尽量回忆学过的知识。这种方式远比简单地重复阅读或听课更能加深记忆。

2. 用自己的话复述

用自己的话来解释和总结学习内容，可以帮助你更好地理解并记忆它们。你可以尝试向家人、朋友或是想象中的听众讲述你所学的知识，这样不仅可以检验你的掌握程度，还能帮助你发现理解上的漏洞。

3. 构建知识框架

利用思维导图或概念图来组织和串联知识点。通过可视化的方式，将新的知识点链接到已有的知识结构上，可以帮助你理解它们之间的关系，从而形成一个更加稳固和系统的记忆网络。

4. 实践和应用

将学到的知识应用到实际情况中，无论是完成作业、参与项目，还是进行实验，都是检验和加深理解的有效方法。通过实践，你可以将抽象的概念转化为具体的经验，从而加深记忆。

5. 定期复习和自测

定期复习是巩固记忆的关键。不要等到考试前才突击复习，而是应该制订计划，分散复习，让知识在大脑中形成长时记忆。

为什么主动回忆对于复习来说是有效的呢？主要原因有以下5点，如图 2-1 所示。

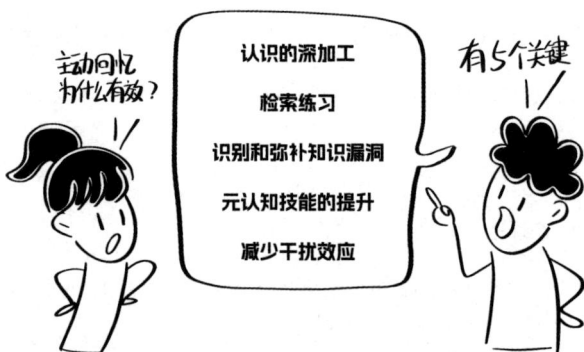

图 2-1　主动回忆对复习有效的主要原因

1. 认知的深加工

当我们尝试主动回忆学过的知识时，大脑会启动一系列复杂的认知活动。

首先，我们要从记忆中提取相关信息，这一过程本身就是一种认知活动，需要大脑对已有知识进行激活和重组。

在这个过程中，我们要先努力回想之前学习的知识，并将这些知识与书本上的内容、相关的概念，以及个人体验联系起来。

显而易见，这个提取信息的过程所达成的记忆效果已经远远超过了单纯的重复。

实际上，从记忆理论上来说，主动回忆会迫使我们的大脑对信息进行重新编码。在尝试回忆的过程中，我们会用自己的语言重新组织和解释信息。这种重新编码的过程可以创造出新的记忆网络。

2. 检索练习

我们的大脑就像一个错综复杂的网络，每条神经通路都承载着特定的记忆或信息。在学习新知识时，大脑会形成新的神经连接路径。这些新形成的神经通路在初始阶段较为脆弱，若不通过重复的激活和巩固，它们很可能会随着时间的推移而减弱。为了维持和加强这些神经通路，我们需要通过复习和实践来不断巩固新学的知识。这时候，就需要检索练习。主动回忆迫使我们的记忆重新走过这条神经通路，每走一次，路径就会变得更加清晰和坚固。这种记忆的加强是一个量变到质变的过程。检索练习使得大脑的记忆存储机制更加高效。

换句话说，每次回忆都像在原有的记忆上重新铺设一层沥青，使得这条道路更加平坦、坚固且易于通行。检索练习还与"难度效应"相关，即提取较难信息的过程有时反而能产生更强的记忆加强效果。当我们努力回忆那些较难提取的信息时，大脑进行的额外努力实际上能形成更深刻的记忆。

3. 识别和弥补知识漏洞

我们在试图主动回忆所学过的知识时，实际上是在对自己的大脑进行一次"内部测试"。在这个过程中，我们可能会发现某些信息难以回忆起来，或者在回忆过程中感到模糊。

这正是我们知识结构中的漏洞——可能是因为最初的学习不够深入，记忆的编码不够牢固；也可能是随着时间的推移，记忆逐渐模糊了。通过主动回忆，我们不仅能够发现这些漏洞的存在，还能够对它们进行具体的定位。

一旦识别出这些知识漏洞，接下来就可以开始有针对性地复习。只有聚焦弱点，复习才会变得更高效。识别出知识漏洞并加以弥补后，知识的整体结构得以稳固，从而有助于构建更加连贯的知识体系。

4. 元认知技能的提升

元认知技能是指个体对自己的学习活动进行管理和控制的能力，包括对学习效果的评估、学习目标和策略的规划，以及调整学习方法以适应不同需求的能力。主动回忆作为一种学习方法，对提升元认知技能有显著作用。

主动回忆要求我们回溯自己的记忆和理解过程。这个过程会让我们对自己的记忆能力和对知识的理解程度有更深刻的认识。

例如，有时我们虽然能记住某个概念的基本定义，但在实际题目中却不会用。这种自我反省是元认知技能的关键。

通过评估记忆的准确性和完整性，我们可以更好地了解自己的学习效果，调整我们在不同的学习任务和情境中的学习策略。例如：在学习理论概念时，使用图表等视觉辅助工具特别有帮助；而在学习历史时，构建时间线更为有效。这也是元认知技能的一个重要方面。

5. 减少干扰效应

在日常生活和学习中，我们的大脑不断接收各种信息，包括需要学习和记忆的内容，以及大量无用信息。这些无用信息可能来自外部环境，如周围的声音和视觉刺激；也可能来自大脑内部，如无关的思绪和记忆。

我们在进行主动回忆时，实际上是在进行一种信息筛选。我们的大脑需要在存储的众多信息中，找到那些与当前回忆任务相关的信息，并将其提取出来。这个过程要求我们的注意力必须高度集中，区分哪些是必要信息，哪些是干扰信息。

例如，在试图回忆一个特定的历史事件时，我们需要从大脑中筛选出与该事件相关的日期、地点、人物和背景，同时忽略与该事件无关的其他历史信息。

这种筛选过程提升了我们对目标信息的专注力。通过反复练习，我们的大脑在快速识别和集中注意力到相关信息方面变得更加熟练，同时减少干扰因素的影响。随着时间的推移，我们的大脑逐渐掌握了如何有效抑制无关信息，从而使相关的信息提取更清晰和准确。

总之，主动回忆作为一种复习方法，能够让我们更深入地加工信息，加强记忆路径，识别知识漏洞，提高元认知能力，同时减少干扰，提升整体的学习效果。

会用多样复习，强化记忆

复习往往是单调而乏味的。

一天，女儿坐在书桌前眉头紧锁——她在复习数学。

"宝贝，你有没有想过换个有趣的方式来复习呢？爸爸带你做点好玩的事吧！"

我拿出了一张纸和一套彩色绘画笔，在纸上画起了思维导图。"思维导图是一种视觉化工具，可以用形象的图形来帮助我们记忆。我们可以利用它来展示一个清晰的框架，更有条理地记忆。"

女儿饶有兴趣地画了起来，她在一幅树状图上用不同颜色的笔标记了不同的数学公式和概念，还标出了应用场景。

"这样复习好有趣呀！"

画完思维导图，我又提议用角色扮演的方式来学习。我扮演学生，她扮演老师。

"你把你在课堂上学到的知识点讲给爸爸听。"

女儿一本正经地讲了起来，在这个过程中，我时不时会提醒她——作为"老师"，她需要用更简单易懂的语言来讲解。这样不仅能促使她思考，更能加深她对知识点的理解。

通过运用多样的复习方式，调动身体的各种感官，能让复习更有趣，还能让效果更好。

多样化复习，就是运用多种形式和方法来复习学过的知识，这样可以帮我们更有效地记忆，并从不同的角度去理解和掌握所学知识。就像吃不同的食物可以获取不同的营养一样，多样化复习可以让大脑从多个角度接触和处理信息，从而让记忆更牢固。

为什么多样化复习是有效的呢？主要原因包括以下 4 点，如图 2-2 所示。

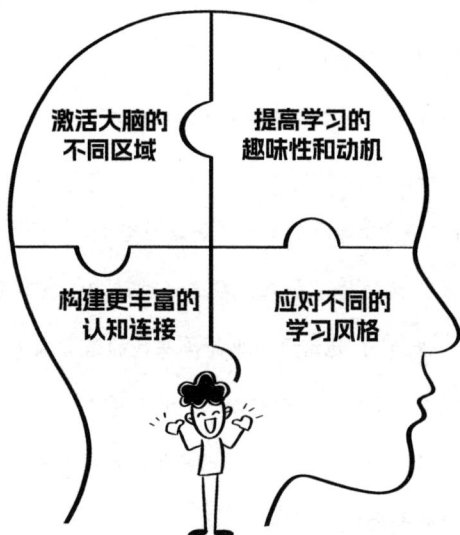

图 2-2　多样化复习有效的 4 点原因

1. 激活大脑的不同区域

大脑的不同区域负责处理不同类型的信息。当我们用不同的感官学习时，大脑的不同区域也会被激活。

观看视频、图表或图片时，大脑负责处理视觉信息的皮层会被激活。这个区域不仅会处理我们所看到的信息，还能帮助我们解读这些信息的含义。例如，在学地理时，查看地图可以帮助我们理解和记住某个国家或地区的地理位置和地形特征。这种对视觉信息的处理，会在大脑中留下独特的记忆痕迹。

听觉信息激活的是大脑的颞叶区域。当我们听讲座或参与讨论时，我们的大脑处理的是语言等声音信息，这种信息的处理包括理解语音、语调和信息的含义，从而在大脑中形成另一种记忆形式。

多样化复习能够更全面地刺激大脑。例如，复习历史时，如果我们能够做到既阅读相关的文字内容，又观看相关纪录片，还通过讨论和复述来加深理解，那么我们就可以从视觉、听觉和语言表达等多个方面对知识点进行加工和理解。

2. 提高学习的趣味性和动机

当复习只有单调和重复时，谁都会感到厌倦和缺乏动力。多样化复习通过运用多种多样有趣的方式，打破单一复习模式，让复习变得更好玩。

大部分人习惯于通过单纯的重复阅读来加强记忆，虽然这是记忆最基本的方式，但一味的重复可能会让我们在学习过程中感到枯燥。互动式学习、游戏化学习、团队合作等方式不仅能提供新的视角和体验，还能激发我们的好奇心和探索欲。

多样化复习还可以提高学习的自主性——我们可以根据自己的兴趣和偏好选择学习方式，这样可以提高我们对学习的掌控感，激发内在动力。

当学习变得有趣时，我们才可能投入更多时间和精力，而学习所产生的积极情绪和愉悦体验能提高记忆的保留率，使记忆效果更持久。

3. 构建更丰富的认知连接

我们用不同的方式复习同一内容时，是从多个角度探索和理解这些信息，这有助于在大脑中形成更复杂和多维的认知网络。

在传统的学习中，我们可能仅从一个角度去理解某个概念或事实，这种单一角度的学习方式虽然能够帮助我们掌握基本信息，但不足以在我们的大脑中形成深刻的理解或持久的记忆。

而多样化复习通过运用不同的方式，比如讨论、实践、画图或制作模型，使信息在大脑中不是简单的堆砌，而是形成了相互关联的知识网络。

在这个网络中，不同的信息点通过多种关系相连接，如因果关系、相似性或对比关系。这种复杂的网络结构提供了多个记忆的触发点，使得记忆更加牢固，即使某一部分被遗忘，其他关联的信息也可以帮助我们回忆起整个内容。

4. 应对不同的学习风格

每个人在学习时都有自己的偏好或更适合的方式。

有人可能是视觉型学习者，偏爱通过看图、看视频或阅读来更好地记忆和理解知识；也有人是听觉学习者，偏爱通过听讲座、讨论或听故事来学习；还有人是动手型学习者，偏爱通过实践来获取知识。

多样化复习通过结合不同的学习风格，可以更全面地满足每个人的学习需求，从而提高整体的学习效果。

多样化复习不仅能帮助我们巩固知识，还能促进我们发现和探索新的学习方式。有时，我们可能不完全了解自己的学习偏好，或者对某种学习方式有潜在的兴趣。通过尝试不同的复习方法，我们可以更全面地认识自己的学习风格，甚至发现新的、有效的学习策略。

那么，多样化复习的方法都有哪些呢？比较常见的方法如下。

- 交叉学科学习：不要长时间专注于单一学科。在一段时间内交替学习不同的学科，可以防止大脑疲劳，提高学习效率。

- 变换学习方式：结合不同的学习方式，如阅读课本、观看相关视频、参加小组讨论等。这样有助于我们从不同角度理解同一知识点。

- 应用实例：将理论知识应用于实际情况，通过解决实际问题来加深对理论的理解。

- 自我测试：定期进行自我测试，如通过做模拟试卷或重做曾经做错的题来检验学习效果。

- 教授他人：尝试以老师的身份向别人解释学习的内容。教学能有效加强个人对知识的理解和记忆。

- 思维导图与总结：使用思维导图来组织和链接知识点，或编写总结以加深理解。

多样化复习的关键在于灵活运用各种学习工具和方法，让学习过程既有效又有趣。

第二节　艾宾浩斯遗忘曲线应用之多轮复习

要把短时记忆转化为长时记忆，一定要多次复习。

艾宾浩斯记忆法的核心正是科学有序地规划和实践复习动作。结合对艾宾浩斯遗忘曲线的研究和实践，我总结出了一套"六轮复习法"——每轮复习可以采取不同的方式，这样可以有效减缓遗忘速度，增加复习的趣味性，提高复习效率。

第 1 轮复习——初次学习后的 24 小时内

第 1 轮复习是记忆的过渡阶段，主要目的是巩固新学的知识，其核心在于重新阅读、整理笔记和做好当天的作业，确保对知识形成初步的理解和记忆。通过第 1 轮复习，大脑可以将初次学习的知识转换成更加结构化和易于记忆的形式，为后续更深入地学习和理解打下坚实的基础。

让阅读事半功倍的 SQ3R 法

女儿经常和我抱怨，复习真的太无聊了！

我告诉她，可以在一开始就边学习边复习，这样就相当于第一轮复习。

女儿不理解，说："学习就是学习，复习就是复习，怎么还能一边学习一边复习呢？"

事实上，如果在初次学习时，就把复习的环节设计进去，既可以加深记忆，又能帮助我们识别出哪些内容已经掌握得很好了，哪些内容需要进一步学习。

针对这一环节，我推荐 SQ3R 阅读法。我把这套阅读方法教给了女儿，女儿一直在用这套方法阅读、自学，效果特别好。

SQ3R 阅读法由 5 个步骤组成，分别是 Survey（概览）、Question（提问）、Read（阅读）、Recite（复述）和 Review（复习），如图 2-3 所示。

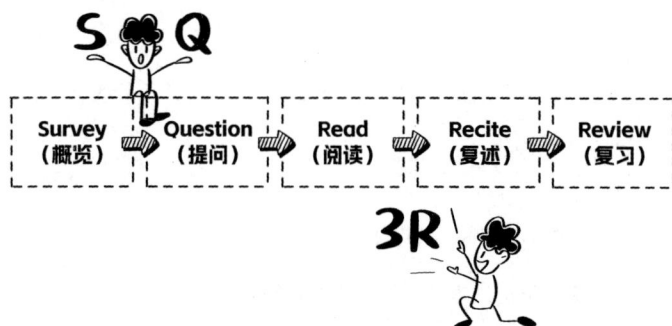

图 2-3　SQ3R 阅读法的 5 个步骤

1. Survey（概览）

概览是 SQ3R 阅读法中的首要步骤，它的核心在于快速而有效地浏览要读的内容，这个步骤也被称为"扫描"，主要是快速捕捉信息概况，以形成宏观的理解，为接下来的深入阅读打基础。

在进行概览时，阅读目标是识别所读内容的基本结构和主要论点，而不是深入探究其中的细节。

先看标题。标题通常揭示了所读内容的核心主题或焦点。通过快速浏览这些标题，你可以对所读内容的整体结构和主要观点有初步的了解。

再看摘要或导言。标题后面刚开始的内容通常是信息密集区域。你可以从摘要或导言中找到所读内容的核心概念和主旨。

重点看图表。所读内容中的视觉元素，如插图或表格等，往往用于强调关键概念或数据。观察这些元素可以帮助你快速识别所读内容中的重要信息。

最后看结论或总结。阅读这部分内容可以帮助你理解作者所要表达的核心思想。

2. Question（提问）

提问能促进更深层的思考，将阅读转变为更主动的学习过程。

通过提问，你的阅读会更有目的性，使你不仅仅是在被动地接收信息，更是在积极地处理和评估信息。

阅读中常见的问题包括如下几种。

- 主要观点是什么？理解主要观点是深入理解阅读内容的基础。只有解决了这个问题，你才能更加清晰地认知章节或段落的核心思想。

- 书中哪些内容是重点？这个问题可以促使你认真分析信息的重要性，从而区分出主要信息和次要信息。

- 读完这部分内容，我是否有未解决的问题或不清楚的地方？这个问题可以帮助你识别难点，为接下来的阅读做准备。

3. Read（阅读）

在这个阶段，你要全神贯注地投入阅读中，通过深度阅读理解书中的内容，并为之前提出的问题找到答案。这种有目的性的阅读可以促使你更好地集中注意力，从书中提取有价值的信息。

在这一阶段，保持专注、避免分心非常重要。你最好提前关闭电子设备，保证自己在阅读过程中不被干扰。

想要透彻地理解书中的知识，在阅读时就要特别注意书中给出的重点和细节，并对背景信息或特定细节做进一步的了解。

4. Recite（复述）

在仔细阅读后，下一步就是复述内容，通过主动输出来加深对所阅读内容的理解和记忆，实现更深层次的学习。

在这个过程中，如果你发现难以用自己的话表达某个概念，表明你还没有完全理解这部分内容。这为你提供了一个重新审视所学内容和加深理解与记忆的机会。

此外，你还可以选择不同的复述方式，例如口头复述、写总结或绘制思维导图。多样化的复述方式可以激活大脑的不同区域，进一步促进理解和记忆。

复述提供了即时反馈的机会。你可以通过复述的流畅程度和准确性来评估自己对知识的掌握程度。这有助于你确定哪部分需要更进一步的复习。

5. Review（复习）

在完成了概览、提问、阅读和复述之后，你对书中的知识已经有一个相对深入且全面的理解了。接下来通过回顾和重温所学知识来加深记忆。

- 复习的方式可以是重新查看书本和笔记。书本和笔记中涵盖了所有重要的知识点。重新阅读它们，有助于巩固你对书中关键内容的记忆。

- 再次回答之前提出的问题。在阅读过程中提出的问题现在都应该有了答案。重新审视这些问题和答案可以帮助你检查自己是否真正理解了这些知识。

- 如果在复习过程中发现某些内容仍然不能完全理解，就需要重新回去阅读。这时候，我们可以再次回到第 3 个步骤。

- 复习不是机械回顾，还包括对知识的深入思考，比如思考如何将所学知识应用到实际的学习和生活中。而如果你能够将学到的知识和以往的经验相联系，也可以更好地将所学知识内化于心。

为了确保把学到的知识保存到长时记忆中，可以在复习阶段的最后，根据所学知识的复杂程度、重要程度和自己的掌握程度，把未来几天或几周内需要定期复习的内容安排好。

那些重点和难点可能需要多次复习，非重点知识或比较容易掌握的知识则不需要安排多次复习，这样可以节省时间，提高学习效率。

SQ3R阅读法可以极大提高阅读的效果，它将阅读和复习相结合，既是一种阅读学习方法，又是一种有效的复习方法，能够确保刚刚阅读和学习过的内容不会在短时间内被遗忘，有助于将短时记忆转化为长时记忆。

学霸都在用的康奈尔笔记法

有段时间，我一直以为自己对女儿的学习情况了如指掌，直到一天晚上，我意外地发现了她在记笔记方面的一个误区。

那天，我路过女儿房间，看到她正坐在书桌前，将课本上的内容一字不漏地抄在笔记本上，笔记密密麻麻，却没有任何总结性或梳理性的文字。唯一的变化就是，每当翻到新的一页，她就会换一种颜色的笔。但这些五颜六色的笔迹并没有使这份笔记显得有条理，反而让整个笔记看起来更加杂乱无章。

我坐在她边上，说："宝贝，我看你的笔记做得很用心，但你有没有考虑试试不同的记笔记的方法呢？"

女儿皱了皱眉，说："我觉得这样挺好的，爸爸。把课本上的东西都记下来，考试的时候就不怕漏掉知识点了。"

我摇了摇头，说："记笔记不是为了复制课本上的知识，而是为了帮助你更好地理解和吸收知识。你可以试着总结每一章的要点，然后用自己的话表达出来，这样不但能帮你更好地理解知识，而且复习起来也更加高效。"

女儿虽然有些困惑，但还是认真地听着。

我继续说："你可以试试用思维导图来整理知识点，这样能将不同概念间的联系清晰展现出来。而且，你不应该把时间都用在抄写上，而应该花更多的时间来思考和理解。"

女儿沉默了一会儿，点了点头："我明白了，我试试。"

我微笑着说："有一种记笔记的方法，叫康奈尔笔记法，爸爸可以教给你。"

康奈尔笔记法是由康奈尔大学的教育心理学教授沃尔特·波克（Walter Pauk）开发的。这种方法特别适用于对课程内容的记录、阅读、复习和记忆。

康奈尔笔记法将笔记本分成 3 个区域，分别是笔记区、提示区和摘要区，如图 2-4 所示。

图 2-4 康奈尔笔记法的形态

1. 笔记区

康奈尔笔记法中的笔记区占据了笔记页的大部分空间。笔记区的主要用途是记录课堂内容、书籍或任何学习活动中的关键信息。

在笔记区内，你可以记录听课时老师讲到的重要事实、数据、概念和观点。这些记录尽可能地清晰且有条理，并尽量用自己的话来表达。

记录的时候可以用标题来区分不同的主题，用符号标记要点，用图表来展示复杂信息。此外，你最好留出足够空间来添加补充信息或个人的理解。

2. 提示区

康奈尔笔记法中的提示区位于笔记页的左侧。这个区域为我们提供了一个空间，用于记录与笔记区内容相对应的关键词、问题或要点。这些内容作为信息的触发点，可以让你在复习时快速回顾和激活相关记忆。

提示区也可以用来简要概括笔记区内容的主旨，这种概括有助于你在复习时快速把握每部分的核心思想。

3. 摘要区

康奈尔笔记法中的摘要区是用于整合、反思和总结知识的核心思想和概念的。

在填写了笔记区和提示区后，再利用摘要区。在这一区域，你应该根据已记录的详细笔记和关键提示，撰写一段精练的摘要。

撰写摘要的过程是深度学习的过程。你需要从众多细节中提炼出最为关键的信息。这个过程有助于加强思考，从而更好地理解和记忆所学的内容。

未来回顾笔记时，摘要区可以作为快速把握整页内容要点的工具，节省时间并提高复习效率，使你能在短时间内回顾大量的知识。

摘要区的内容应简洁明了，它必须能够直接、清晰地展现笔记页的主要内容，并且最好用你自己的话来表达。

利用康奈尔笔记法记录和整理的笔记，能够帮助你快速复习。通过查看提示区中的关键词和问题，可以检验自己对知识的掌握程度，然后查看笔记区来验证，并阅读摘要区来加深对知识的理解。

不要低估作业的力量

从小学三年级开始，学校就会给学生布置作业。

和大部分孩子一样，女儿很讨厌写作业。

一天，我坐在客厅看书，女儿在餐桌上写数学作业。我不时抬头看她，她的笔尖在纸上快速滑动，似乎是在赶时间。

我放下书，走过去静静地观察了一会儿。她的作业本上满是草率的笔迹，好几道题甚至都还没做完，就迅速转到下一道。

"加加，你作业怎么做得这么急促？"我温和地问道。

女儿显得有些不耐烦，说道："爸爸，你不是说完成作业就可以出去玩了吗？"

我坐在她旁边，轻声说道："但是，作业不仅是为了完成，做作业是为了帮助你巩固、理解和复习课堂上学到的内容。你急匆匆地做完，不就错过了这次复习的机会吗？"

女儿停下手中的笔，说："我觉得作业有时候太多了，我只想快点做完。"

"我明白你可能觉得有压力，但认真对待作业是复习的重要部分。你不必急着完成，而应该把每次作业都当作复习和提高的机会。"

女儿低下头，慢慢地重新打开了作业本，开始认真地做作业，神态也不再急切。

作业并不只是老师布置的任务，而是整个学习过程的重要组成部分，目的是加强对所学知识的理解。

我们通过看书和听课学习新知识时，更多是在被动接收信息，而作业则提供了一个机会，让我们学会运用新学到的知识来解答实际问题。

作业也是一个自我评估的手段。通过完成作业，我们可以评估自己对课程内容的理解程度，识别出自己的弱项。对待作业，要做到如下3点，如图2-5所示。

图2-5 对待作业的3个关键点

1. 保持积极态度

既然作业必须要做，与其排斥，不如积极面对，让作业发挥出它应有的价值。

做作业可以锻炼我们在遇到困难时的心态。学习的过程并不总是一帆风顺的，经常会遇到挑战和障碍，积极的心态能够帮助我们迎难而上，寻找解决问题的方法，而不是一味地放弃或逃避。

积极的人能够以乐观的心态看待学习，建立自己对学习的自信，减少学习过程中的压力和焦虑，并将其转化为成长的动力。

2. 质量优于数量

作业的质量优于作业的数量。当你专注于作业的质量时，你会学着更深入地思考问题，理解这些知识背后的原理和逻辑。

例如，在数学作业中，理解一个数学公式的推导过程和应用方法，比仅记住这个公式要有价值得多。这种练习可以让你在遇到新问题时灵活运用所学知识进行解答。

当你重视作业的质量时，你就会花更多的时间重新阅读课本，寻找课外的学习资源，或与同学和老师进行讨论。这样会让你的学习事半功倍。

3. 合理规划时间

合理规划时间对于完成作业至关重要。通过预估每项作业所需的时间，我们可以提前做好时间安排，为考试中的时间管理做好准备。每个人都需要培养良好的时间管理意识。做作业就像是进行一次小型模拟考试，有助于锻炼我们的时间管理能力，学会合理利用时间。

这种时间管理策略还能教会我们如何对任务进行优先级排序。在面对多项作业和活动时，决定哪些是最紧急和重要的，哪些可以稍后处理，是一项关键技能。

合理规划时间还有助于避免拖延，培养积极的习惯。拖延往往会带来压力和焦虑，影响学习效果。

有些同学可能会觉得作业太难而选择不做。然而，作业有难度并不是坏事，反而是一个机会。如果作业太简单，那做作业的意义就不大。正是通过作业中的难题，我们才能发现自己对哪些知识掌握得不牢固。这时，回过头去学习会更加有针对性。

面对作业中的难题，我们不应该轻易放弃。首先，我们要分析问题，确定是题目要求不清楚还是相关知识缺乏。其次，回顾教材和课堂笔记，很多时候答案就藏在那里。如果还是找不到解题思路，可以利用网络资源寻找答案。

不要害怕寻求帮助，可以向同学、家长或老师提问。解决问题不必一步到位，可以分解成小步骤逐步解决。关键是努力尝试，而不是遇到问题就退缩。

如果某个问题特别困难，可以先放一放，去做其他较容易的题目，这有助于从不同角度思考问题，并可能在不知不觉中找到解决难题的线索。

完成作业后，花时间反思学到了什么，哪些地方做得好，哪些地方可以改进。每次遇到困难后，总结解决问题的方法。

作业是复习的有效方式，比看书或看笔记更有实用性和针对性。保持积极的心态，正确对待作业，可以帮助我们提高成绩，有效规划时间。

第 2 轮复习——初次学习后的 3 ～ 5 天

第 2 轮复习是在学习后的 3 ～ 5 天，这个周期的核心是对知识更深层、更多元的理解和应用。

在这个阶段，我们可以扩展学习资源，让自己开阔眼界；进行自我测试，全面了解自己对知识的掌握情况；进行小组讨论，分享自己的见解，听取别人的观点，在互动中强化学习效果。

更多的资源在课堂外

明白作业的价值后，女儿每天都埋头于厚厚的课本和繁复的作业中。

一天晚上，我走进她的房间，看到她眉头紧锁，显然是遇到了难题。女儿抬起头，露出了疲惫的微笑："爸爸，你有什么事吗？"

"加加，是不是作业遇到难题了？"

"是啊，这道题我记得老师上课的时候讲过，但我听得太入神了，忘了记笔记。翻了半天课本，也没找到解题方法。"

"如果课本和笔记上都没有，那么你可以尝试去找找其他的学习资源呀！"

她看起来有些困惑："其他资源？课本和笔记就已经够多的了，

还需要找什么资源呀？"

我轻轻地摇了摇头，说："课本当然重要，但学习不应仅限于此。现在有很多资源可以帮助你更深入地理解和拓展知识，也能帮助你解决难题。"

女儿放下手中的笔："比如说呢？"

"比如，爸爸可以帮你找找解题视频，许多复杂的概念通过视觉呈现会更容易理解。"

"真的吗？那我们到网上找找看！"

于是，我们一起上网找视频，果然网上有很多视频资料可以解开她的困惑，看着她重新燃起了学习的热情，我深感欣慰。

作为父亲，我能够帮助女儿拓宽视野，让她意识到学习资料的来源远不止课本和笔记，这是一种无与伦比的快乐。通过探索更多的学习资源，女儿获得的知识更全面，对知识的理解也更深了。

在第 2 轮复习阶段，我们可以尝试扩展学习资源，从多个角度深入探讨那些我们尚未理解或未能掌握的知识点，以确保对这些内容有全面深入的理解。

学习资源不只有课本和笔记。课本是知识的浓缩，笔记是老师讲课内容的浓缩。很多时候，更多的有价值的信息在课堂之外。

例如，在学习历史中的古代文明相关知识时，课本可能只是提供了一个简略的概览。然而，当你将视野从课本拓展到课外读物或纪录片中，你会发现更多丰富的细节和生动的历史故事，那些原本枯燥的知识点可能会变得生动有趣。很多时候，觉得难以理解和记忆，并不是因为你知道得太多，而是因为你了解得太少。当你获取的信息量增加时，反而更容易记住相关的知识。此外，扩充学习资源还能提升你对学习的兴趣，使学习过程变得更加丰富多彩，不再单调乏味。

对于在校学生来说，扩展学习资源的途径有如下 3 种，如图 2-6 所示。

图 2-6　扩展学习资源的 3 种途径

1. 网络资源

数字时代，互联网已成为学习资源的重要源泉，为在校学生提供了广泛的学习机会和丰富的知识渠道。网络资源优势在于其便捷性、多样性和及时性。

互联网上有许多提供在线课程的平台。这些平台与世界各地的顶尖学校和机构合作，提供了涵盖各个学科领域的高质量课程，从基础课程到专业课程，你都可以在这些平台上找到丰富的资源。

除了在线课程平台，还有许多专门的教育网站和学术论坛。这些网站和论坛提供了从数学科学到人文艺术等各领域的学习资源，这些资源有助于我们理解新概念和巩固新知识。

2. 图书馆资源

学校图书馆和公共图书馆不仅是存储书籍的地方，更是知识的汇聚点，可以为你提供丰富的学术资源。

图书馆收藏了大量的书籍，涵盖各个学术和兴趣领域。从经典文学作品到最新的科研成果，从基础教科书到专业领域的著作，图书馆几乎无所不包，无所不有。

此外，许多图书馆还提供各领域的期刊和学术论文资源。这些期刊与资源对于进行更深入的研究和了解特定领域的最新发展趋势尤为重要。你可以通过阅读最新的学术期刊，来追踪最前沿的研究成果。

现代图书馆通常还提供电子资源和数据库的访问权限。这些电子资源与数据库包含了大量的电子书籍、学术文章和研究报告，你可以通过图书馆的在线平台轻松访问这些资源。

3. 老师与同学的帮助

除了网络和图书馆的资源，别忘了身边的人也是学习的宝贵资源，老师、同学、父母都是可以请教的对象。

老师通常拥有丰富的专业知识和经验，能够提供有针对性的建议，帮助学生解决学习过程中遇到的难题。

身边的优秀同学也是你的"好资源"，和他们随时沟通交流，可以相互促进和学习。

总之，扩展学习资源是第 2 轮复习的有效方式之一。通过多种渠道和方法扩展学习资源，你不仅可以加深对已有知识的理解，还能够发现新的兴趣点，全面提高成绩。

学会自我测验和评估

一天晚上，我发现女儿做完作业后看起了电视。

"这周学的内容都掌握了吗?"

她满不在乎地说:"我都复习好了,作业也都完成了!爸爸你不是说让我学会扩展学习资源吗,看电视也是一种扩展学习资源的方式呀。"

这孩子,还挺会给自己找理由。

"加加,你应该自我测验一下,看看自己对这一周所学内容的掌握程度。"

"自我测验?有必要吗?我不是已经写过作业了吗?"

我笑了笑:"作业当然重要,但那也只是复习的一种方式。老师布置的作业通常只涵盖了重点知识,而非全部知识。你可以试试自我测验,检查一下自己是不是完全掌握了全部内容,这也是一种有效的复习方式。"

女儿有些不情愿,但在我的督促下,还是放下了手中的遥控器,问道:"我该怎么做?我要自己出一张试卷考自己吗?"

我解释道:"那倒不必,你可以先总结一下每个章节的要点,然后合上书,凭记忆回答一些关键问题。你也可以制作一些写着问题的小卡片(知识卡片),把答案写在背面,借助卡片来做自我测验。爸爸来带你做吧!"

女儿被这个建议吸引了，她关上电视，开始翻看笔记，和我一起制作带有问题的卡片。做完后，她现学现卖，让我拿着卡片考她。

定期自我测验是非常有效的学习策略，能帮助我们在第 2 轮复习时全方位检查自己对知识的掌握程度。

我这里说的自我测验不同于学校的模拟考试，这个阶段的自我测验是轻松的、非正式的，但同时又可以系统地评估你的复习进度。

做自我测验的方法有很多，对于在校学生来说，以下这几种方法是比较高效的。

1. 画思维导图或概念图

我们可以用图形化的方式，整理一周内学到的知识，将关键概念、公式或重要事件用线连接起来，形成"视觉上的"学习地图。这种方法不仅有助于复习，还能够帮助我们发现不同知识点之间的联系，加深记忆。随着学习的深入，这张图可以不断添加新元素和连接。

2．制作知识卡片

像我前面写女儿的案例一样，制作知识卡片，然后随机抽取并尝试回答问题。这种方法简单易操作，还可以当作一种游戏。

3．角色扮演

可以试着创作一个与所学知识相关的情景或故事，在其中扮演一个角色。比如，学历史时，你可以扮演一个历史人物；学语文时，你可以扮演课文中的某个角色。这种方法不仅有趣，而且能够通过情景模拟来加深对所学内容的理解和记忆。

4．在线测验

学会利用网上的在线平台进行自我测验。许多教育网站和应用程序提供了大量的练习和测验。这些平台通常可以即时反馈，能定向对知识点做测试，帮助你快速了解自己的答题情况。

关于如何画思维导图、如何制作知识卡片，我会在本书接下来的章节中分别进行详细的介绍，大家可以根据个人的喜好或习惯来选择适合自己的自我测验方法，但不管选择哪一种方法都需要注意如下 3 点，如图 2-7 所示。

图 2-7 自我测验的 3 点注意事项

1. 明确复习重点

我们在学习新知识时，一定会遇到一些难以理解或记忆的部分。在第 1 轮复习时，你可能会发现自己对于某些知识点的记忆已经模糊了。因此，当你准备进行自我测验时，首先需要回顾和分析之前所学内容，特别注意那些你不太确定或者有疑惑的部分。

举个例子，学数学时，你发现自己对某个代数公式及其证明过程感到困惑，那么这些难点就是你进行自我测验的重点。学物理时，如果某个实验过程或理论概念让你感到困惑，那么在自我测验时记得重点关注这部分内容。

明确复习重点的目的是让自我测验更有针对性和有效性。这样做不仅可以帮助你节省时间，还能提高学习效率，确保第 2 轮复习能够达到预期的效果。

2. 设定测验难度

在进行自我测验时，选择合适的难度很关键。测验不仅是检验学习成果的过程，也是进一步学习的契机。

如果测验题目过于简单，你可能会感到缺乏挑战，从而限制了你进步的空间。而如果测验题目太难，又可能给你带来挫败感，甚至导致你失去学习兴趣。

那么，如何设定测验的难度呢？

合理设定测验难度的关键是对自己的学习进度和理解程度进行诚实的评估。比如，针对你擅长的学科，可以设置一些具有挑战性的题目；而如果这个学科是你的短板，那测验难度就应该酌情设置，以确保你不会因为太难而感到挫败。

我建议你在设置自我测验时，把重点放在基础概念上，以巩固你的基础知识。这些题目应具有一定的挑战性，能激发你的思考，但又不应该太难，以避免造成不必要的压力。

此外，适中的测验难度不仅能够帮助你保持学习的兴趣，还能使学习的过程变得更加有趣和富有探索性。

3. 反思测验结果

完成自我测验后，要进行深入反思。反思测验结果是自我提升的机会。通过反思，我们能够更清晰地认识到自己的强项和需要改进的地方，并据此调整学习策略。

审视自我测验的结果时，关键在于理解错误的原因。这些错误可能由多种因素引起，比如对知识的理解不够深入、记忆不牢固、对题目的误解或是缺乏必要的解题技巧。

例如，如果你在数学测验中出现错误，可能是因为你没有彻底掌握公式的应用方法；如果在历史测验中出现错误，可能是由于你对历史事件的背景或细节记忆不清晰。

在分析错误原因时，要保持诚实的态度。每个错误都是学习和成长的机会。承认并接受错误是学习过程中不可或缺的一环。

通过反思测验结果，你可能会发现自己的学习习惯或方法需要调整。例如，你可能会意识到一味地重复阅读并不足以帮助你记忆，而需要更多的应用练习或讨论来加深理解。

反思测验结果还有助于为正式的考试做准备。通过识别自我测验中的常见错误类型，你可以在未来的学习中重点关注这些方面，确保在实际考试中不再犯同样的错误。

总之，定期进行自我测验既是第 2 轮复习的有效方式，也是一种全面提高学习质量的策略。它不仅有助于及时发现和弥补学习上的缺陷，还能帮助我们逐步找到更有效和个性化的学习方式。

小组讨论让观点碰撞出火花

一天晚上，女儿在房间里写着作业。我看到她面前放着一本数学练习册，好像在做一道数学题。

"加加，怎么了？数学题不会做啊？"

"是啊，爸爸，我被这道题难住了。"

我问她："这道题你想多久了？"

她委屈地说："从做完学校的作业就在琢磨，本来计划写完作业之后复习和预习的，结果就因为这道题，我的学习计划都被打乱了。"

"有时候，一个人苦思冥想就会走入死胡同，其实你可以和周围的人交流。爸爸上学的时候，在学校和同学们一起组织过学习小组，我们小组的几个同学一起学习，相互帮助，经常能碰撞出不一样的火花呢！"

"是哦，我也可以在班里组建一个学习小组！"

"没错，你邀请几个同学，每周在家里或图书馆聚一次。每个人都可以把自己不会的题拿出来，大家一起来讨论。这样不仅可以互相帮助解决问题，还能从不同的角度理解知识点。"

女儿很兴奋，第二天她就在班里组建了一个学习小组。每周，她们会轮流在各自的家中聚会，一起讨论学习中的难题。

每次看着她和朋友们一起学习、讨论，在互助过程中探索新知识，我都感到非常欣慰。

学习不仅需要个人的努力，有时候也是团队合作的过程。在第2轮复习中，我建议大家可以尝试组建学习小组。

在小组讨论中，当我们阐述自己的观点时，我们会更加主动地深入思考，并努力以清晰、有逻辑的方式表达。同时，在尝试向小组成员解释复杂概念或回答他们的问题时，我们通常需要重新审视自己对相关知识的理解。这个过程有助于我们发现并填补知识上的空白，从而深化理解和学习。

参与学习小组能够培养我们在团队中有效沟通和协作的能力。在小组讨论中，我们学会倾听他人的观点、尊重不同意见、清晰传达自己的思想，并适应团队中的多样化角色。这些技能对未来的个人和职业发展都至关重要。

小组学习还能显著提升我们的学习动力。小组成员间的相互鼓励和竞争能够激发学习热情。当我们目睹同伴们努力学习时，会受到正面的激励，从而提高自己的学习积极性。此外，小组成员之间的支持和认可还能增强彼此的自信心。

通过学习小组，成员间的信息和资源共享能够拓宽我们的知识视野。每位同学都拥有独特的知识背景和学习资源，通过分享这些信息，小组的每位成员都能从中获益。这种共享机制不仅丰富了我们的知识库，还促进了更深层次的学习和理解。

如何组建一个学习小组并实现高效学习呢？可以分成 3 步，如图 2-8 所示。

图 2-8 组建学习小组并实现高效学习的 3 个步骤

1. 组建学习小组

理想的学习小组成员应拥有共同的学习目标，并在学习态度、兴趣和能力水平上相匹配。例如，如果一个学习小组的目标是提高数学成绩，那么成员都应对数学感兴趣，并有意愿提高自己的数学成绩。

小组成员应该展现出积极的学习态度，愿意与他人合作，分享知识和经验。他们应积极参与讨论，对他人的观点保持开放和尊重的态度。一个由积极学习者组成的小组更容易营造出相互鼓励和支持的学习氛围。

虽然不需要所有成员在学习成绩上齐平，但大致相似的能力水平有助于确保小组内部的互动和讨论对所有成员都有益。如果水平差距过大，可能导致一部分成员内心产生挫败感，而另一部分成员则可能感到无聊。

组建学习小组时，还应该考虑成员的个性和背景的多样性。虽然共同的学习目标是前提，但不同的个性和背景可以为小组带来多样的视角和解决问题的方法，从而拓展讨论的深度和广度。

2. 制订规则和计划

为了维护学习小组的秩序和效率，确保每个成员都清楚自己的角色和责任，制订明确的规则和计划是至关重要的。

小组需要明确讨论的具体安排，包括讨论的时间和地点。例如，时间可以选择每周六的下午 2 点，地点可以选择学校教室或成员家中。还应该制订一个长期的学习计划，确定讨论的主题和每个主题的时间表。

预先规划讨论主题也很重要。可以根据成员的兴趣和学习目标，提前规划一系列的讨论主题。这样做不仅能确保每次讨论都有明确的焦点，还可以让成员事先准备，以便更有效地参与讨论。

此外，学习小组的规则中还应包括鼓励成员积极参与、准时出席讨论活动。例如，规则中可以明确，每个成员都应该为讨论做准备，并在讨论中分享信息或观点。

设定基本的行为准则是有必要的，比如相互尊重、积极倾听、控制发言时长、不要打断其他成员的发言，以及保持开放的态度等。

3. 定期评估和调整

成员要定期评估学习小组的进展，以确保其效率和成效。通过这种定期的评估，可以持续改进学习小组的组织和活动方式，以确保满足所有成员的学习需求和目标。

你可以定期审视学习小组的讨论质量，成员的参与度，以及学习小组是否达到了既定的学习目标。例如，如果发现某些讨论主题不够吸引人或太过于复杂，可以更换或调整这些主题，以提高成员的兴趣和参与度。

定期评估还可以帮助学习小组识别需要改进的方法。例如，如果发现当前的讨论方式不足以有效地促进学习，可以尝试新的方式，如分组讨论、专项研究或案例分析。

对学习小组成员结构的评估也很重要。如果发现某些成员缺乏参与感，则可能需要考虑调整成员构成。

总之，加入学习小组，通过小组讨论学习，是第 2 轮复习的有效方式。加入学习小组不仅可以提高我们的学习效率，加深我们对知识的理解，碰撞出思维的火花，还能够提升我们的团队协作能力、领导力和社交力。小组讨论能够鼓励我们主动探索和交流，为我们未来的学业和职业发展提供宝贵的锻炼机会。

第 3 轮复习——初次学习后的 1 周内

第 3 轮复习发生在初次学习后大约 1 周的时间里。这个阶段的复习内容是尝试将知识融会贯通，并进行深度应用。

我们要针对自己的薄弱科目进行刻意练习，消除自己的短板：试着通过教授别人，加深对概念的理解；也可以通过分析例题，尝试一题多解，找到多种解题方式。

刻意练习的力量

一次数学考试，女儿考了 120 分（满分 150 分），回家后却垂头丧气的。

我轻声问道："加加，你是不是对自己的数学成绩不满意？"

她无奈地点点头："是的，爸爸，几何特别难，我错了很多，拖了整体数学成绩的后腿。"

我认真地看着她说："每个人都有自己的强项和弱点。你能意识到这一点已经很好了！现在要做的就是努力改进，其实你可以尝试一些刻意练习的方法。"

我从书架上拿下一本几何练习册，开始和女儿一起规划她的学习计划。

首先，我们确定了具体目标，包括理解和掌握不同类型的几何题目。接着，我教她如何分析和解决几何问题，从最基本的概念开始，逐渐过渡到更复杂的题型。

在接下来的几周里，女儿每天都会花固定的时间来专门做几何题。刚开始，面对复杂的题目，她仍然感到困难，这给她带来了很强的挫败感。我鼓励她不要放弃，要专注于解题过程，逐步理解和掌握每个步骤。

我还教她如何记录和分析错误。每次做完题后，我们都会一起回顾错题，分析错误的原因，然后找到正确的解决方法。

女儿在解题上进步很快，她逐渐不再那么害怕几何了。

有一天，女儿高兴地对我说："爸爸，你知道吗，我发现几何题没那么难了。通过刻意练习，我发现自己对几何的理解越来越深入。"

通过这次经历，女儿不仅在数学上取得了进步，更重要的是，她学会了如何通过刻意练习克服自己的弱点。

每个人擅长的领域不同，对不同知识的感知能力也有差异。在学习新知识时，有时候觉得轻而易举，有时候又觉得很难，这都很正常。

在第 2 轮复习时，我们会发现自己在某个学科中的弱项。在这一轮，我们正好可以通过刻意练习，补齐这部分短板。

弱项之所以是弱项，是因为我们对这部分知识的理解不深，不得法。如果放任不管，听之任之，印象就会越来越浅，再学的时候会更难。

如何弥补呢？

刻意练习就是非常科学有效的方法。

刻意练习这一概念来自心理学家安德斯·埃利克森（Anders Ericsson）和科学作家罗伯特·普尔（Robert Pool）合著的《刻意练习：如何从新手到大师》一书。他们经过大量的研究发现，天才并非神秘莫测，而是正确的方法，加上大量练习的结果。

这里的"刻意"强调了目的性和计划性。它不是随意的、无目的的练习，而是一种经过深思熟虑、针对特定目标的练习。它要求我们深入分析自己的表现，识别出弱点，并有计划、有目的地进行练习。

比如，在体育运动中，一个篮球运动员想要提高投篮技巧，仅机械地重复投篮动作是不够的。刻意练习需要他分析自己投篮时的姿势、力量控制等，找出自己的弱项，然后有针对性地练习，比如调整手部角度、改变出手时机，这样的练习才是有效的。

同理，如果你的数学成绩不好，你不能只是简单地重复做题，而应该分析自己的弱项在哪里，然后集中精力在这个特定领域进行深入练习，同时可以寻求老师或同学的指导，有针对性地解决问题。

在学习中要想做到刻意练习，必须遵循如下 3 个步骤，如图 2-9 所示。

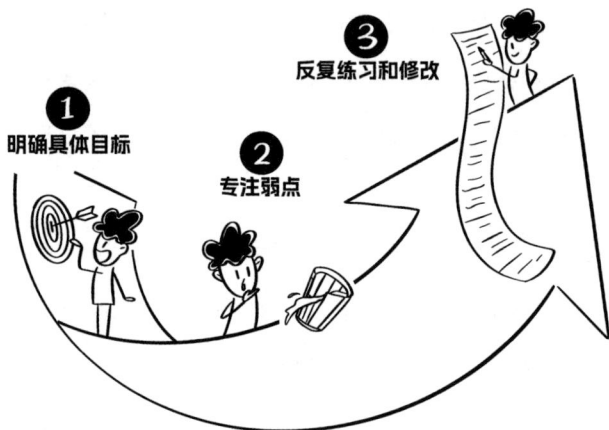

图 2-9　刻意练习的 3 个步骤

1. 明确具体目标

在开始刻意练习之前，首先要有明确的、具体的、可量化的和可执行的目标。比如在学数学时，你可以设定这样的目标："在本学期数学期末考试中，几何题的正确率达到 90% 以上"，而不是设定"数学成绩提高"这样模糊的目标。

为了设定一个合理且可实现的具体目标，你需要了解自己当前的水平，找到自己的弱项，分析出自己有可能达到的水平。

在设定目标的过程中，可以找一些在这方面学得较好的人聊聊，毕竟人的自我认知有时候是存在偏差的。比如，你可以找老师或成绩比较好的同学寻求帮助。主观认知结合客观分析，才有利于做出一个更合理的预期。

2. 专注弱点

专注弱点是刻意练习的核心原则之一。我们需要投入足够的时间和精力去攻克自己最不擅长或认为最难掌握的知识点。

一般来说，学习要求我们突破舒适区。因为当我们面对难题和挑战时，大脑会被迫去寻找新的解决方案，而这个过程极大地促进了深度学习，并加速了我们的进步。

相反，如果我们只是重复练习那些自己已经擅长的知识点和题目，虽然看似进步很快，但实际的提升是有限的——这就是"无效努力"。

此外，专注弱项也有助于培养心理韧性，激发学习动力。面对挑战不退缩并最终克服困难，能够给我们带来巨大的满足感和自信心。

3. 反复练习和修改

在刻意练习的过程中，反复练习并根据反馈进行修改共同构成了学习效果提升的循环，也是一个不断进步和迭代的过程。

反复练习的目的在于巩固所学内容、掌握知识点。在难度选择上，也要掌握好"度"。著名心理学家米哈伊·契克森米哈赖（Mihaly Csikszentmihalyi）在《心流：最优体验心理学》一书中提到，当人们对当前的活动感到厌倦时，说明应该提高难度；当人们对当前的活动感到焦虑时，说明应该保持这个水平专注练习。也就是说，我们在练习时要选择适度具有挑战性的难度。

更重要的是，单纯的重复练习不足以实现真正的进步，关键在于能够根据反馈进行适当的调整，这需要我们在练习过程中不断评估自己的表现，及时迭代。

例如，学数学时，你也许会发现自己在解决某类题目时总出错。这时，你不应该继续重复错误的练习，而是要停下来，调整练习方法，迭代解题思路，直到找到正确的解法，然后再继续练习。

刻意练习是一个长期的过程，需要持续努力，对学习过程进行深入思考，还要有耐心，切不可急躁。

以教促学的费曼学习法

女儿刚上初中时，我发现她在学习上好像有些懈怠，于是我又心生一计。某天吃过晚饭，我说："加加，你今天在学校学什么新东西了呀？"

"今天我们生物课上学了光合作用。"

"要不你给爸爸展开讲讲呗，让爸爸也重温下曾经学过的知识。"

"好啊，我给你讲讲吧！光合作用就是……"

女儿放下碗筷，讲了起来，像个小老师一样。

之后的一段时间，"晚饭分享"成了我们的日常。刚开始，女儿在给我讲一些新知识点的时候，也会"卡壳"，还时不时查阅下课本，甚至还会照着课本读给我听。但不论她采取哪种方式"教我"，我都会耐心地听她讲，不时地提出问题，鼓励她主动思考。

一个月后，她讲得越来越流畅了，还会尝试用不同的方式讲不同科目的知识点，而不是简单的"照本宣科"。

有一次，她在给我讲一个数学公式时，不仅清晰地阐述了该公式的应用，甚至还举出实际生活中的例子来说明。

"爸爸，你知道吗，我发现给你讲完后，我对这些知识的理解更深了。有时候我在讲的过程中甚至发现了我之前完全没注意到的细节。"

通过这种方式，女儿不仅学会了如何有效学习，加深了对各门学科知识的理解，更重要的是，她还因此获得了自信，学习的积极性也大大提高了！

把自己学会的知识讲给别人听，这就是"费曼学习法"，其核心理念是"输出倒逼输入"。

费曼学习法以著名物理学家理查德·费曼（Richard Feynman）的名字命名。理查德·费曼，一个在科学界和教育界都留下深刻印记的名字——他不仅是量子物理学的巨匠，也是一位杰出的教育工作者。

费曼能取得这样的成就，很大程度上得益于他独特的学习方法。他曾说："当你能够用最简单的方式，让别人理解你要讲的知识时，才代表你真的理解了这个知识。"而费曼学习法之所以有效，主要也是因为它要求我们用简单明了的方式来描述复杂的概念，这不仅能够促进我们对概念本身的深入理解，还强化了我们的记忆，提高了我们的应用能力——因为当我们尝试用自己的语言来解释一个陌生概念时，需要融入自己的思考和理解，这个思考的过程就是强化记忆的过程。

此外，费曼学习法还能帮我们找出自己的知识空白点。在尝试向别人输出内容时，如果你难以将其解释清楚，那就说明你没有真正理解该内容，这就能倒逼我们有针对性地补充和完善自己的知识体系。

值得一提的是，费曼学习法还能提升我们的沟通技能。通过练习用简洁清晰的语言解释复杂的概念，我们可以学会有效表达。这不光对学习有帮助，对未来的人生发展也是有益的。

那么，在实际的学习中，如何运用费曼学习法呢？实践步骤可以分成4步，如图2-10所示。

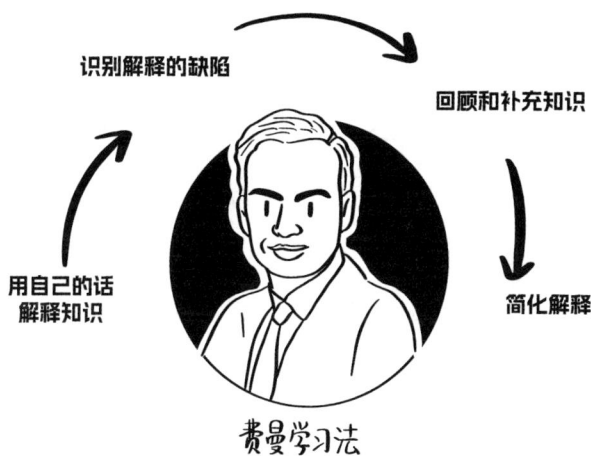

图 2-10　实践费曼学习法的 4 个步骤

1. 用自己的话解释知识

首先，你最好把书本和参考资料收起来，直面你的"学生"，把自己当成老师，尝试用简单直白的语言讲清楚你输出的核心知识点。这一过程的重点在于简化表达。例如，当你向一个物理"小白"解释什么是牛顿第二定律时，你需要避免直接引用课本上的定义，尽量尝试用直白的语言来说明：你可以用一些生活中的现象来让你的解释更生动、更好理解。这个过程实际上就是一个知识内化的过程，使我们深入思考概念的本质，更好地理解和吸收知识。

2. 识别解释的缺陷

这一步是自我诊断、自我反省和识别学习盲点的过程。当尝试用自己的话解释知识时，我们需要关注到自己理解不透彻的地方。

如果你发现自己在输出时不够顺畅，这表明你并没有完全理解这个概念。这种不顺畅就像一个学习指南针，指引你发现自己的弱项和不足，从而促使你去加强这些不足。而在这个过程中，你甚至会理解为什么自己当时没能搞懂。

3. 回顾和补充知识

在向他人讲解的过程中发现了自己没理解的知识点后，会倒逼你重新去学习，这样的学习不是盲目的，而是有针对性的。

你可以重新查阅课本内容，也可以从课外的资源中获取信息，总之这个过程并不是简单的复习，是有目的性的，是对该知识点的深化和拓展。同时在这个过程中，你会时刻想着"如何更深入地理解，才能更清晰地讲给别人"。

4. 简化解释

在补充了知识空白点，并加深理解之后，下一步就是尝试再次用自己的语言来输出，这个过程是对知识点的再次提炼和优化。优化输出往往是一个反复尝试的过程，每一次尝试都是对知识点掌握程度的测试，同时也是提升表达能力的机会。通过不断地练习和调整，我们能够逐渐找到最通俗易懂的方式来表达自己的见解。

费曼学习法促进了我们对知识点的深入理解，帮助我们发现并填补知识空白点，简化和明确认知，提高表达能力。这种复习方法可以用在第 3 轮复习中，也可以用在日常的记忆上。

不止一种解法

一天晚上，我看到女儿在做数学作业，就凑过去看了看。

有道题目是这样的：一个直角三角形，其中一个锐角为 30°，斜边长为 10cm，求这个直角三角形的另外两边长。

"加加，你准备怎么解这道题呢？"

她指着作业本，说："我用正弦和余弦函数来解，爸爸。因为已知一个角的度数和斜边长，所以我用 sin30° 和 cos30° 来计算另外的两边长。"

我点了点头，然后说："这确实是一种很好的方法。但你知道吗，其实还有一种解法，就是使用特殊三角形的知识。在这个题目中，因为其中一个角是 30°，所以这个直角三角形实际上是一个 30°、60° 和 90° 的特殊三角形。"

女儿好奇了起来，我继续解释："在一个 30°、60° 和 90° 的特殊三角形中，短直角边：长直角边：斜边 =$1:\sqrt{3}:2$。所以，你也可以直接用这个规律来计算。"

我们一起用这种方法重新计算了这道题。

女儿惊讶地发现，这种方法更简单直接，而且非常易于记忆。"哇，爸爸，我以前从没想过还能有另一种解法！"

我顺势告诉她，在学习中，尤其是数学学习中，要学会探索多种解题方法。

在第 3 轮复习中，我们要学会从不同的角度加强记忆。前面提到的刻意练习和费曼学习法都是强化记忆的有效手段，而本节所介绍的"一题多解",则是鼓励大家学会从更多的角度去思考和解决问题,跳出思维的舒适区,这既是第 3 轮复习的高效方式之一,也是提高考试成绩的重要策略。

1. 加深理解

尝试寻找多种解题法的过程使我们学会多维度思考,深入理解问题的本质。

2. 提高解题技巧和激发创新思维

尝试寻找多种解题方案不仅能够激发创新思维,还能锻炼创造力。同时,这个过程也培养了我们适应不同解题思路的能力,使我们能够在面对不同类型的题目时,灵活地运用多种解法。

3. 提高应对考试不确定性的能力

考试的时候,我们可能会遇到一些和平时练习不同的题目。如果我们在日常的学习中就习惯于采取多种解法,那么在面对新颖或复杂的题目时,就会更自信,也更可能有效地解出题目。

4. 巩固记忆和加深印象

通过训练用多种方法解决同一问题,可以促使我们从不同视角复习和巩固知识点，还有助于提高记忆的效率和持久性。那么，如何高效地做到"一题多解"呢？需要注意以下 4 个关键点，如图 2-11 所示。

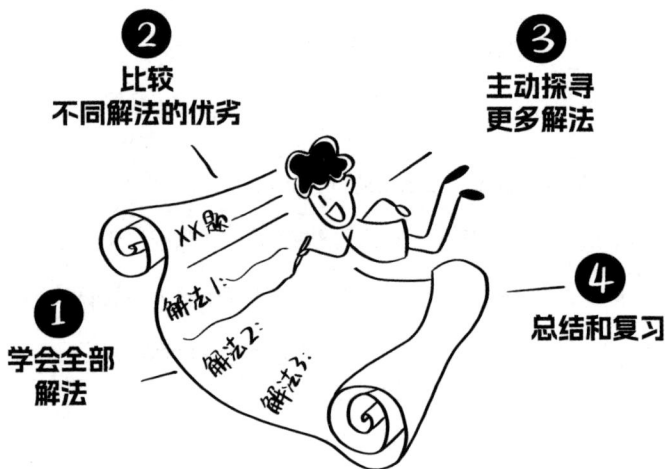

图 2-11 "一题多解"需要注意的 4 个关键点

1. 学会全部解法

你最好掌握每一种解法。

以数学题为例，即使你已经用一种解法解出了题目，也要尝试寻找其他解法，直到你熟练掌握了该题目的全部解法。如果你在这个过程中，对新的解法感到陌生或不熟练，说明你需要加强学习，跨出自己的解题舒适区。

2. 比较不同解法的优劣

尝试对每种解法进行分析，比较它们之间的优劣。

这样做既有助于你分辨出在实际应用中哪种方法更为有效，又能帮助你理解每种解法背后对应的知识点，进一步完善你的知识体系。

对不同解法作比较还可以让你深入理解题目的核心要求和涉及的基本概念，加强你对知识点的记忆。

3. 主动探寻更多解法

有些题目在课本或教辅材料上可能没有提供所有的解题方法，但在课堂上或学习小组中，老师或同学们可能会分享不同的解题思路。如果你自己没有想到这些方法，可以通过倾听他们的思路获得启发。认真听课和倾听他人发言，加强与老师和学习伙伴的交流，都能帮助你对题目有更深入的理解。

4. 总结和复习

定期整理和总结之前遇到的一题多解题目，并确保记好解题原理和步骤，这样做可以为将来的复习做好准备。在复习时，针对一些关键点或难点，回顾你记录的不同解法，这样在考场上就能灵活运用各种方法解题。通过分析例题和一题多解，我们不仅能够找到解开特定题目的多种方法，还能够提高自己分析问题的能力。这种多角度、多方法的解题方式也是提高考试成绩的有效策略。

第4轮复习——初次学习后的2周内

在第4轮复习中，除了复习已经学过的知识，我们的重点应该放在深入研究和拓展知识面上。在这个阶段，我们可以通过多种方式，如阅读课外读物、学术论文，观看讲座，查找更多课外学习材料，来连接更高阶的知识，扩宽自己的视野。另外，通过画思维导图，我们可以将过去学过的知识连接在一起，形成自己的知识地图。

拓展广度会让你加深理解

有一天晚上，我听到女儿房间里声音很大，就悄悄推开门——原来她在背书。

她看我进来，便放下了手里的书，悻悻地说："爸爸，背历史好痛苦啊，我总是背完就忘。"

我想了想，就给她提了个建议："加加，文科学习呢，最忌讳死记硬背了，你应该在理解的基础上去记忆。这个时候，拓展课本外的知识就很重要。比如，在学地理时，你可以试着去了解某个地方的文化和当地的风俗习惯。这样你不仅能记住课本上的知识，还能更深入地了解这个地方的特色，在记地理知识的时候就会更得心应手。"我拿起她的历史课本，指着其中关于唐朝的内容说："你看，这一章讲的是唐朝的历史。爸爸觉得你可以看一些与唐朝相关的电影，比如《长安三万里》，没准能有新的收获。"

女儿听了我的建议后，兴致勃勃地上网查阅了一些资料，从图书馆借了相关的书回来，还看了几部以唐朝为历史背景的电影。

几周后，女儿对我说："爸爸，我之前特别讨厌文科，现在我发现，文科也挺有意思的！"

这种学习方法不仅让她在学习中获得了乐趣，还为她未来的人生扩展了视野。

扩展视野，拓展知识的广度，是第 4 轮复习的方式之一。这种复习方式能够提升我们对学科的整体认知能力，并且让我们能更全面地理解和应用所学知识。

扩展视野意味着要接触更广泛的信息。这种多元化的学习方式让我们从不同角度看待问题从而获得更全面深入的理解。在复习过程中，具有广阔视野的学生能够更好地建立跨学科的联系，从而加深对知识的理解。

　　了解更多知识并对知识进行深入全面的探索，还能帮助我们提高学习的积极性，激发好奇心和探索欲，这种内在的驱动力是持续学习和有效复习的重要动力。

　　复习的时候，如何扩展视野，拓展知识的广度？有以下 3 种方法，如图 2-12 所示。

跨学科学习　　　　　**应用实例**　　　　　**扩展阅读**

图 2-12　复习时扩展视野，拓展知识的广度的 3 种方法

1. 跨学科学习

　　把不同领域的概念和方法相结合，往往能够获得更全面的理解和认知。打破传统学科间的界限，可以促进创新性思维的发展，提

高解决复杂问题的能力。

例如，学历史时，你可以把同一历史时期的文学作品和该时期的历史背景相联系，这样可以相辅相成，帮助你更深入地理解这一历史时期的时代特点，同时也能更深入地认知该时期的文学作品的风格。

在学习中，你会发现有些学科之间天然就具备相关性，最典型的就是物理和数学。数学是帮助我们理解物理世界的重要工具，数学原理常常会被应用于解决物理问题，而物理问题的实际应用又能帮助我们理解数学概念。

跨学科学习的关键在于建立连接和桥梁，将不同学科的知识相互迁移和整合。这种学习方式鼓励我们主动思考、质疑和创新，为我们提供了一个解决问题的框架，让我们能够从更广阔的视角理解世界。

2. 应用实例

将理论知识应用到实际情境中，能够帮助我们更深入地理解抽象概念，并将这些概念与现实生活紧密联系起来。只有这样，理论知识才不仅仅是书本上的枯燥文字，而可以变得生动、实用，且容易理解。

例如，在学习物理时，利用日常生活中的简单现象，如摩擦生热、水壶烧水等，来解释摩擦力、温度与热能之间的关系。这种联系实际的方式不仅使理论知识更易于理解，还能激发我们的好奇心和探索欲。

3. 扩展阅读

在某一个学科的学习中，你还可以通过专项阅读来拓展知识。这种扩展阅读不要仅局限于课本提供的信息，而是要深入到相关领域更广阔的知识体系中。扩展阅读的材料可以包括专业书籍、学术论文、在线课程、网站和期刊等。

通过阅读专业书籍，我们可以获取更多全面和深入的信息。这类书籍通常由领域专家撰写，包含了丰富的案例研究、理论探讨和实践指导。

学术论文则提供了最新的研究成果和深入的学术讨论。通过阅读这些论文，我们可以了解某一学术领域的研究热点、技术进展和未来趋势。

需要注意的是，在扩展学习视野时，要选择与自己当前的学习水平相适应的内容。高阶书籍和学术论文可能涉及复杂的理论和概念，对基础知识有一定的要求。最好的扩展阅读是既有一定挑战性，又不至于过于艰深。

总之，扩展知识和视野是第 4 轮复习可以采取的有效方式，但需要有准备、有策略地进行，并结合自己当前的水平和兴趣进行调整。

思维导图会让你思路清晰

上初中之后，女儿总和我抱怨生物太难了，她总是记不住那些知识点。

我翻了翻她的笔记："加加，我看你生物笔记有点乱，你试过用思维导图来整理你的学习内容吗？这是一种非常有效的复习和整理信息的方法。"

女儿抬起头："思维导图能帮助我记忆吗？"

我说："当然能啦！"

我坐下来，拿出一张纸和几支彩色笔，开始跟她一起画思维导图。我用她当前学习的章节——"细胞的结构和功能"作为例子。

"首先，我们在纸的中心写上主题'细胞'。"说着我在纸中央画了一个圆圈，并写上"细胞"。

"接下来，我们从中心向外画几条线，每条线都连接细胞的一个主要部分，比如细胞核、细胞膜和线粒体。"我边画边解释，并用不同的颜色分别将这些部分标注出来。

"现在，我们在每条线的尾端添加关于这些部分的具体信息。比如，细胞核可以写上'含有DNA'和'控制细胞活动'，细胞膜则可以写'控制物质出入'和'保护细胞'。"

女儿跟着我的指导，开始画起自己的思维导图。她逐渐加入了更多细节，比如线粒体的"能量转换"功能，以及细胞质的"细胞内环境"等。

几天后，女儿用同样的方法整理了她的物理笔记。通过思维导图，复杂的物理公式也变得更加清晰。

她兴奋地告诉我："爸爸，自从我用思维导图复习以后，我发现生物知识也没那么难记了！"

思维导图用视觉化的方式组织信息，清晰地展示出概念之间的联系，帮助我们整合知识点，是一种高效且直观的学习方法，可以应用在第4轮复习中。

那么如何应用思维导图复习呢？大致可以分成7个步骤，如图2-13所示。

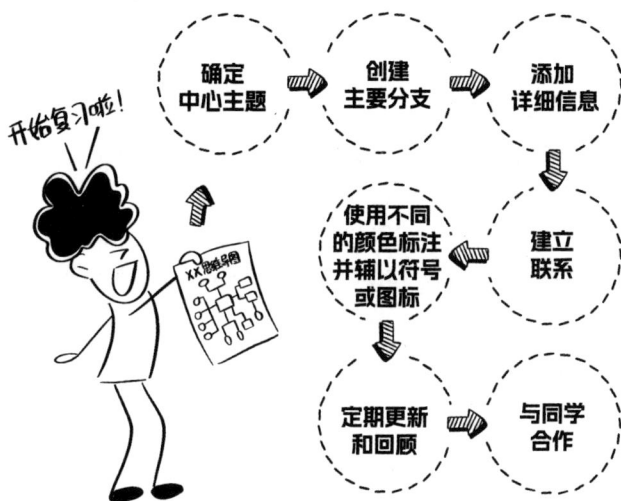

图 2-13 应用思维导图复习的 7 个步骤

1. 确定中心主题

首先，在纸的中心写下一个主题，比如"细胞""欧洲历史""几何定理"等。这个中心主题是整个思维导图的核心，我们在画思维导图时必须围绕它来展开所有的分支和信息。

2. 创建主要分支

从中心主题向外延伸出主要分支，每个分支代表一个关键的下一级主题。例如，在"细胞"主题下，可以有"细胞结构""细胞功能""遗传物质"等分支。

3. 添加详细信息

在每个主要分支下，继续添加更具体的信息或分支。这些信息可以包括定义、例子、公式、重要事实等。例如，在"细胞结构"下，可以添加"细胞核""线粒体""细胞膜"等更具体的概念，并在每个概念下进一步说明。

4. 建立联系

在不同的分支之间画线或箭头，标明它们之间的联系。这有助于理解不同概念之间的关联。例如，可以用线来连接"细胞膜"和"物质运输"，并标明它们之间的功能关系。

5. 使用不同的颜色标注并辅以符号或图标

使用不同的颜色来区分不同的主题或突出重要信息。同时，可以添加符号或图标，使思维导图更加生动和易于记忆。

6. 定期更新和回顾

随着学习的深入，思维导图也需要不断更新和完善。应定期回顾思维导图，帮助巩固记忆，并在考前进行快速复习。

7. 与同学合作

可以试着与同学一起讨论或创建思维导图，这样可以获得对同一问题不同视角的理解，同时这也是一种互动式的学习方式。

思维导图是一种极好的工具，它可以帮助我们以视觉化的方式组织和回顾知识，但如果画的方法不对，其效果会大打折扣。很多同学在应用思维导图复习时，常会犯以下 4 类错误，如图 2-14 所示。

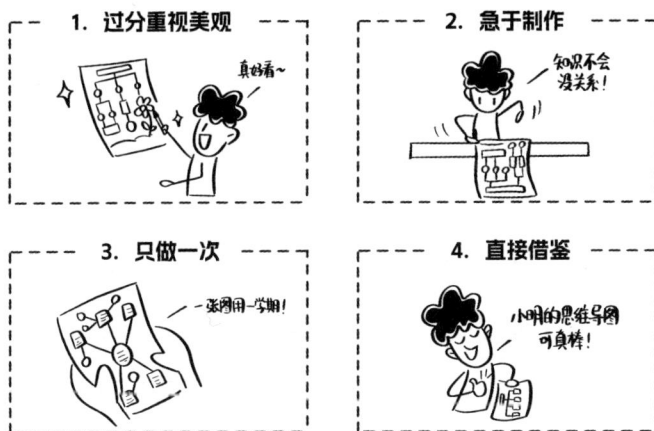

图 2-14　应用思维导图时常犯的 4 类错误

1. 过分重视美观

有的同学在制作思维导图时，可能会过分注重思维导图的形式，而不是其内容。他们可能会花费大量时间调整颜色、字体或布局。这虽然可以使思维导图视觉上显得美观，但不一定有助于我们深入理解知识。好思维导图，内容比形式更重要。

2. 急于制作

有的同学可能在没完全理解知识的情况下就急于制作思维导图。这可能导致思维导图反映的只是表层信息，而非深层理解后的知识整理。思维导图的价值在于帮助管理和连接已经理解的概念，如果在理解不透彻的情况下匆忙制作，思维导图可能无法准确、充分地发挥价值。

3. 只做一次

有的同学可能过于依赖已经制作好的思维导图，而忽视了后续的复习、修改和应用。仅制作一次思维导图并不足以保证信息被有效理解或记忆。有效的学习需要反复回顾和应用思维导图上所标注的这些知识，而且还要在此基础上进一步完善和修改。重新制作思维导图的过程，也是一种复习。

4. 直接借鉴

同学之间可以讨论或借鉴彼此做的思维导图，但有的同学不喜欢动手，直接把别人做的思维导图拿过来使用。这样做学习效果会大打折扣，因为只有亲自动手做的思维导图，才是自己的思路和框架的表达，用自己制作的思维导图来复习才能真正起到复习的效果。

总之，思维导图可以协助整合和梳理我们的知识体系，提高记忆效率。需要注意的是，复习时，你制作的思维导图应该是动态变化的，而非一成不变的，因为我们在复习过程中可能会对某些概念产生更新的认识，或者需要添加新的信息，这时我们就需要对思维导图进行迭代。

第5轮复习——初次学习后的1个月内

到了第 5 轮复习阶段，复习的重点可以放在创新应用和练习更多的测试题目上。在这一阶段，复习应变得更加动态，并且要以实践为导向。对知识多样化的创新应用，能够让复习更加有趣；练习大量的测试题，能够帮助我们积累应对各种问题的经验，使自己在应对考试时驾轻就熟，从而提高成绩。

这样做让复习更有趣

某个周六的下午，我看到女儿和她的学习小组成员们在家里的客厅围坐一圈，讨论这周刚学习的重要历史事件——鸦片战争，但他们好像兴致不高。

"加加，你们复习得怎么样啦？"

"还行吧，就是很困。"

"你们要不要换个方式复习呢？以前爸爸上学的时候，老师会让我们将历史事件或文学文本改编成舞台剧，然后表演出来。"

"听起来很棒呀！我们可以一起创作故事情节，每个人都有自己的角色和台词。"女儿先兴奋起来。

回到学校，女儿把这个想法告诉了历史老师，老师也很支持。

接下来的一段时间，女儿和她的学习小组成员兴致勃勃地编排他们的舞台剧《鸦片战争》。为了让剧本内容符合史实，他们还查阅了大量的课外资料。

为了让表演生动形象，他们分配了角色，并为不同角色编写了台词，还自制了一些简单的道具和服装。

终于，表演的日子到了。我作为小组成员的家长也被邀请去学校看孩子们的表演。

他们的表演很生动，在座的家长和老师都连连称赞。我拿起了相机，全程记录了女儿和同学们的这次演出。

晚上，女儿兴奋地对我说："爸爸，我从没想过学历史可以这么有趣。"

复习不一定是枯燥的，如果能让复习变得有趣，相信很多同学都会爱上复习。

在第 5 轮复习的时候，我们可以在已经了解和掌握了知识的前提下，对知识做一些创新有趣的应用，尝试将知识融合、重组，产生新的视角。

常见的创新应用方式包括以下 3 种，如图 2-15 所示。

角色扮演　　　　辩论比赛　　　　多元应用

图 2-15　常见的创新应用的 3 种方式

1. 角色扮演

在角色扮演中，我们不再是被动地接受知识，而是通过积极参与和体验来深化对知识的理解。当我们设身处地扮演一个特定的历史人物或某个故事中的人物时，这种体验式学习能够激发我们的想象力和同理心，让学习变得更生动。

例如，在学习文艺复兴时期的历史时，通过角色扮演，我们可以更加深入地感受那个时代的精神气息。假设我们扮演的是达·芬奇，我们不仅要了解他的艺术作品和科学发现，还要努力去体悟他当时的生活环境、思考方式，以及他所面临的挑战和机遇。我们可以通过研究他的日记、书信来更好地感受他的思想和情感世界。通过角色扮演，我们既是在学习历史，又是在体验历史，感受那个时代的社会氛围。

此外，角色扮演还能促进我们对历史事件背后更深层原因的思考。

例如，在扮演米开朗琪罗时，我们需要了解他的艺术成就，还要了解他所处的时代，以及他的作品是如何反映当时的社会和文化的。

2. 辩论比赛

在辩论过程中，参与者不仅需要探索和表达不同的观点，还必须深入理解和分析这些观点，这对于培养批判性思维和逻辑推理能力极为重要。例如，在讨论文学作品时，辩论可以围绕作品的主题、人物、风格或作者的创作意图等方面展开。参与者需要对作品进行深入解读，提出自己的见解，并能够有效地支持自己的观点。

在辩论比赛中，我们需要从多个角度审视问题，这有助于我们理解事物的复杂性和多样性。准备和参与辩论，要求我们广泛收集信息和资料，这是一个提升研究、筛选、整合信息能力的机会。例如，在辩论一个历史问题时，我们需要从不同的历史资料中提取信息，然后形成自己的观点。这个过程要求我们具有比较强的分析能力和提炼能力。

辩论比赛还能极大地提升我们的沟通技巧、表达能力和说服力。在辩论中，有效地表达和沟通是必不可少的，我们需要学会清晰、有逻辑地表达自己的想法，并且能够做到以理服人。

例如，在辩论关于科技进步对社会的影响这一主题时，我们必须清晰地陈述自己的论点，要能够提供具体的例证和数据来支撑自己的观点，同时也要学会倾听对方的观点并进行有力的反驳。

辩论比赛还可以帮助我们提高团队协作力。在团队辩论中，我们需要与队友合作，共同制定策略，进行分工。这不仅对提高学习成绩有帮助，也是职场必备技能之一。

3. 多元应用

对知识的多元应用是将学科知识与实际应用相结合，帮助我们进一步加深对知识的理解，让知识融会贯通。

例如，对物理感兴趣的同学可以将所学的力学原理应用于实际的工程草图设计中，尝试画一些桥梁或机械装置的工程设计图纸。此外，我们还可以使用计算机软件进行设计，如使用 3D 建模软件来创建桥梁的模型，并模拟不同的力学条件对桥梁稳定性的影响。

总之，对知识的创新应用是以有趣的方式应用新学的知识，这个方式可以贯穿在第 5 轮复习中，帮助我们在不同知识领域间建立联系，产生新的视角，拓展学习的广度，激发创造力培养独立思考能力。

克服考试焦虑的方法

和很多人一样，女儿有严重的考试焦虑——即便她已经花了很长时间复习，但考前依然会很紧张，每次考试前夜总会失眠。这也会严重影响她第二天的发挥。

如何有效克服考试焦虑呢？

"加加，爸爸有个建议，不知道你愿不愿意尝试一下。以后考试前一个月我们可以在家里模拟考试，这样或许能帮助你逐步增强自信。"

女儿抬起头，好奇地问："怎么模拟呢？"

"选择你即将考试的科目，然后爸爸根据你的课本和练习册出一些题目，模拟真实的考试。"

在接下来的几周里，我们一起执行了这个计划。每周末，我都会为女儿准备一场模拟考试。

开始时，她连在家模拟考试都会紧张。但慢慢地，她开始逐渐适应考试的感觉。我注意到，她在解决问题的过程中越来越有条理，时间管理也越来越高效。

通过模拟考试，女儿对考试的紧张感逐渐减轻。她学会了如何在有限的时间内合理分配每道题目的解答时间，并且能够更加冷静地处理难题。

在第 5 轮复习时，我们可以为自己设计模拟考试。通过模拟考试，我们能够在真正的考试前熟悉题目、缓解压力，更好地为考试做准备。

模拟考试可以让我们提前熟悉考试氛围、考试流程、检验学习成果、提高应试技巧，以及增强我们的信心。

很多人感到紧张，主要是因为对考试环境不熟悉，或对考试出现的题型和难度不确定。通过在模拟考试中重复经历类似的情境，我们可以提前适应这种压力，学会在考试环境中有效地管理自己的情绪和注意力。

同时通过模拟考试，还可以对自己的备考情况有更清晰的了解。当我们通过模拟考试确认自己对某些知识点的掌握程度时，会更有信心面对实际考试。

定期进行模拟考试还可以让我们发现问题。例如，有人在模拟考试中发现自己在特定类型的题目上总是犯错，那就可以在考试前刻意练习这些题目，从而在考试中避免犯同样的错误。

通过模拟考试，我们还可以掌握各种应试策略，例如如何分配时间、如何快速有效地阅读题目等，掌握这些技能可以进一步减轻考试的紧张感。

需要注意的是，模拟考试的时候，要尽可能地模拟真实的考试环境，理想的模拟考试环境应该是安静和专注的——我们可以选择一个安静的房间，关闭所有可能的干扰源，营造出考场的氛围。

在模拟考试中要严格遵守时间限制，这样可以帮助我们练习如何在规定的时间内做完试卷上的题目，提高我们的解题效率，减轻在实际考试中产生的压力。

切记完成模拟考试后，要进行自我评估，针对经常做错的题目做深入的分析。这种分析可以帮助我们理解为什么会犯错：是由于没掌握该知识点，还是因为没有掌握应试技巧，抑或是由于时间管理不当，导致没有留出充足的时间完成该题目。通过对这些问题的反思和分析，我们能够识别出自己的弱项和需要改进的地方。

这种方式的自我评估可以更有效地帮助我们调整自己的学习计划和复习策略，例如重点复习某些关键知识点，练习特定类型的题目，或者加强考试中的时间管理，有意识地积累一些应试策略。

另外，值得注意的是，模拟考试中除了可以做那些已经练习过的题目外，还可以尝试做一些之前没做过、常常出错，或比较难的题目。这样可以挑战自己的能力边界，让自己更快进步。

总之，在第 5 轮复习中，我们可以采用模拟考试的方式。模拟考试帮助我们适应考试环境，评估学习成果，还能提高我们的时间管理能力，减轻考试焦虑，为实际考试做好准备，提高考试成绩。

第 6 轮复习——初次学习后的 3 个月内

第 6 轮复习的重点是系统地回顾之前学过的知识点，并将所学知识全面整合。在这个过程中，我们可以通过知识卡片，用碎片时间快速复习；还可以整理错题笔记，重点记录和复习所有自己曾经做错的题目。

提分神器之知识卡片

上初中后，由于学校离家较远，女儿开始坐地铁"通勤"，路上需要大约 40 分钟。有一天下午，我刚好和她顺路，就去学校接她。地铁上人不多，我很自然地拿出手机看了起来，女儿凑过来说："有什么好玩的东西吗？给我也看看呗！"

"爸爸处理工作的事情呢！"

"哼！"女儿转过头，百无聊赖地发起了呆。

我暗暗思忖，女儿通勤路上的时间可不短，如果只是发呆或看手机，那真的太浪费了。

是的，我又有新想法了。

晚饭的时候，我和女儿说："加加，你看你平时每天晚上回来要花很多时间复习，爸爸教你个办法，可以减少你晚上的复习时间，这样你能有更多时间做自己想做的事，怎么样？"

女儿听了很兴奋："好好好，快告诉我是什么办法！"

"爸爸小时候，喜欢做一种叫知识卡片的东西，可以将它们随身携带，特别方便！"我从书架上拿下一摞彩色卡片和彩色铅笔，把卡片剪成手掌大小，让女儿把她的化学课本和笔记拿出来。

"首先，我们挑选一些重要的概念和公式，比如这个化学反应平衡的公式，我们可以把它写在卡片的一面。"

我在一张卡片的一面上写下了那个公式，然后在另一面写下了它的解释和应用。接着，我把书上的几个重要公式都做成了同样颜色的卡片，女儿自己也动手做了起来。

我建议女儿利用通勤的时间，用知识卡片来复习知识点，这样碎片的时间就可以被充分利用起来了。喜欢动手和尝试新鲜事物的女儿自己制作了各个学科的知识卡片，并随身带着一些，无论在地铁上，还是课间的碎片时间，她都会拿出来复习。

知识卡片因其体积小巧、便于携带，使我们可以利用碎片时间进行复习，是一种非常好的复习工具。它让学习和复习无缝地融入我们的日常生活，帮助我们充分利用碎片时间，提高学习效率。

《教育心理学》作者桑代克说："任何科目，只要以最佳的形式和最小的单位呈现，都能够进行很好的教学。"知识卡片就是最小的记忆单位，一张卡片就是一个知识点，你需要先弄懂、吃透眼前的这张卡片，再去处理下一张。制作和使用知识卡片还是一个主动学习的过程。我们在制作卡片时需要思考如何最有效地表达和总结信息，这个过程本身就是一种有效的复习。

我们可以制作各种类型的知识卡片，比如可以做问题和答案卡片，在卡片的一面写上问题，在另一面写下答案，做成一个"提问系列"卡片，这样就可以用卡片来对自己进行测试。这种自我测试的过程是检验学习成效的有效方式。

那么，如何高效制作知识卡片？可以分成 6 个步骤，如图 2-16 所示。

图 2-16 高效制作知识卡片的 6 个步骤

1. 选择合适的卡片材料

首先，准备制作卡片的纸质材料。可以使用厚卡纸，也可以买现成的知识卡片。知识卡片最好做成手掌大小，或者能正好放到自己常穿的衣服口袋中，这样便于携带，随用随取。

2. 确定知识范围

然后，确定写在卡片上的知识范围。在卡片的一面可以写特定的概念、公式、历史日期、重要人物、词汇、问题等，在卡片的另一面写上答案或详细解释。需要注意的是，卡片上的信息应尽量精简，以便快速记忆和复习。

3. 使用视觉辅助

为了增强记忆效果，可以用不同颜色对卡片内容和方向进行分类，这样也便于查找。同时，不同的内容也可以用不同的形式来标记，增加知识卡片的趣味性。例如，可以用绿色来记录数学公式，用蓝色来记录英语单词。

4. 个性化设计

有人可能喜欢简洁明了的卡片，有人可能喜欢有详细的解释和示例的卡片。你可以发挥自己的想象力，对知识卡片的内容和形式进行设计，做出专属于你自己的知识卡片。

5. 整理和分类

如果知识卡片的数量较多，还可以将它们按照主题或类别进行整理和分类。这有助于在复习特定学科或主题时快速找到需要的卡片。

6. 定期更新迭代

随着学习的不断深入，某些卡片上的信息可能需要更新或修改。我们需要定期评估哪些卡片是必要的，哪些已经过时或不再需要。这个迭代过程可以帮助我们减少不必要的知识累赘，确保学习资源的及时性和有效性。

知识卡片特别适合在碎片时间使用。

1. 通勤时间：在上学或回家的路上，无论是乘坐公共交通工具还是等车的时候，都是使用知识卡片的好时机。

2. 课间休息：在课间休息时，翻阅知识卡片可以帮助我们巩固记忆。

3. 排队等候：在所有需要排队等候的时间里，翻看几张知识卡片，可以让这些看似无聊的等待变得更有价值。

4. 用餐前后：早餐后或晚餐前的几分钟，可以用知识卡片快速回顾一些知识点。

5. 睡前：睡前的几分钟用知识卡片来复习，可以帮助巩固当天学到的知识，也是放松大脑的方式。

6. 早晨起床后：早上起来随手翻看知识卡片，有助于启动大脑，为一天的学习做好准备。

知识卡片是一种高效的复习工具，可以在第2轮复习时开始制作，在第2轮到第6轮复习时利用碎片时间来使用。通过定期和有目的地使用知识卡片，我们可以有效地加深对知识的理解，增强记忆。

提分神器之错题笔记

一天晚上，女儿拿着期中考试的试卷回家，向我炫耀："爸爸，我这次考得不错吧！"

"厉害了，加加，明天爸爸带你去吃好吃的！"我拿起她的数学试卷看了看，随口问道："加加，你有没有分析过这道题为什么做错了？"

"没有，哎呀，我不想分析，我去休息了！"

我意识到，女儿好像不重视自己的错题。

第二天我带女儿去外面吃饭，借机又和她聊到了学习："爸爸小时候，老师曾经给我们布置过一个任务，让我们每个人准备一个错题笔记本，把自己在考试和作业中的错题都记下来，这样可以帮助我们强化记忆，扫清学习死角，有效提升成绩。"

女儿半信半疑："真的有用吗？"

"不试试怎么知道呢？"

吃完饭我带她去文具店让她挑选了一个喜欢的笔记本，作为她的第一个"错题笔记本"。回家后，我告诉女儿："不能只是抄写错题，还要写下做错的原因，比如是理解不清，还是粗心大意，抑或是方法不当。"

女儿拿出刚考完的试卷，开始抄写自己的错题，我在旁边陪着她。对于每道错题，我都鼓励女儿深入思考和分析，然后找到正确的解法和思路。例如，她在一道数学几何题中用了一个错误的公式，我们便一起复习了这个公式的正确用法，然后在错题笔记本上详细记录下来。

在第6轮复习的时候，我们可以使用错题笔记来辅助记忆。通过记录和分析自己在作业或考试中所犯的错误，我们能够清楚地看到自己学习中的短板，并发现常错的某一种特定类型的题目，帮助我们在下一次的考试或作业中避免再犯同样的错误。

整理错题笔记可以让我们重新审视自己的错误，并思考为什么会犯这样的错误；而定期回顾错题笔记还可以帮助我们吸取教训，避免犯同样的错误。

在整理错题笔记的过程中，我们不仅可以纠正自己之前的错误思路，还能在这个过程中看到自己的进步，提高自信。在学习过程中，对错题进行深入分析，找出错误的根本原因并针对这些原因做出修正，才能发挥错题笔记的价值，有效提升成绩。在错题笔记中，常见的错题原因主要有5种。如图2-17所示。

图 2-17　错题常见的 5 种错误原因

1. 概念理解错误

很多时候，犯错是因为我们没有理解相关概念或原理。例如，没有掌握某个数学公式，或对某个物理定律的理解有误。对于这类错误，我们需要回到教材中，重新学习和理解这些基本概念或原理，厘清自己的误区，更新自己的认识。当然，除了重读课本，我们还可以请教老师或同学。

2. 计算错误

计算错误是理科考试中最常见的错误之一。对于这类错误，重新计算和检查过程中的每一步是否出错固然重要，但也要分析自己当初为什么会算错。养成写下完整解题步骤的习惯，可以有效帮助我们发现计算过程中的失误。

3. 阅读理解错误

对题干理解有误也会导致解题错误。出现这类错误，可能是因为我们没有仔细阅读题目，错过了关键信息，也可能因为我们对题目的要求理解不充分。对于这类错误，我们需要锻炼自己的阅读理解能力，并学会识别题目中的关键词。

4. 方法或策略错误

在某些情况下，我们可能对题目的理解是正确的，但没有运用恰当的解题方法或策略。在这种情况下，主动探索和学习更多的解题技巧与策略就很有必要。我们可以多看一些教辅书，与老师或同学讨论不同的解题方法，找到新的视角和解题思路。

5. 心态和专注力问题

心态是影响考试成绩和做题效果的重要因素。我们常说自己是因为"粗心"而做错题的，但其实很多时候是因为不够专注或过于焦虑。明明可以做对，却没做对，这是考试中最不应该犯的错误，也是最常见的错误。在平时的学习和生活中，我们要刻意练习自己的专注力，调整心态，避免考前焦虑。

在记录和使用错题笔记时，一些常见的错误可能会影响我们的学习效率。

1. 仅记录答案而不分析出错的原因

理解为什么会出错是避免未来再出现类似错误的关键。有的学生在记录错题时仅记录正确答案，而没有分析造成错误的原因。正确的做法应该是深入分析错误发生的原因，然后针对这个原因进行改正。

2. 未定期复习错题笔记

错题笔记不是只要整理完就万事大吉了。整理错题笔记的目的是通过重复回顾和练习，避免重复出现错误，如果没有定期复习，那错题笔记就白记了。

3. 没有将错题与相关知识点相联系

在错题笔记中，有些同学没有将错误与相应的知识点联系起来，没有针对这些错误模式进行修正，或者没有刻意复习那些常犯错的知识点。更有效的做法是，对每个错误所关联的概念或知识点进行追溯，形成更完整的理解。

4. 错题笔记过于简单或过于复杂

记错题笔记的目的是帮你反思和提升，所以内容既不能太繁复，也不能太简单，否则你在复习时无法精准地获取足够的信息，从而影响复习效果。

错题笔记是最后一轮复习时采取的复习方式。临近考试时，如果时间有限，复习错题笔记就是一种有效的复习方法。错题笔记可以帮我们有效地复习和巩固知识，促进我们对学习过程的反思和改进，从而提高考试成绩。

第三章

全面提升记忆力，打造超强学霸脑

前文详细介绍了艾宾浩斯记忆法的原理和应用。为了帮助你更高效地学习和记忆，在这一章中，我们将继续探讨更多提升记忆力的方法，为你提供一个全方位的学习辅助工具箱，帮你更好地应用艾宾浩斯记忆法，高效地学习，取得好成绩。

第一节 不同学科的学习和记忆技巧

每一门学科都有其特点，理解并运用适合这些特点的学习和记忆技巧，可以大幅提高学习效率，增强记忆效果。本节将介绍具体学科的学习和记忆技巧，让你能够轻松高效地学好各门学科。

语文：用好关键词，背课文不再愁

认识到一门学科存在的价值和意义是学好这门学科的前提。

我们为什么要学语文呢？为什么要背那么多看似无用的课文呢？

语文是重要的基础学科，良好的语文能力可以帮我们更准确、有效地表达自己的想法和感受，同时也能更好地理解他人。此外，语文也是文化传承的重要载体。通过学语文，我们可以更深入地了解自己国家的文化背景和历史传统，增强文化自信心和民族认同感。良好的语文能力还能帮助我们阅读和理解各类文本，包括文学作品、新闻报道、学术论文等，这对于获取信息、增长知识和提升个人素养极为重要。

下雪天在路上走，有人可能会说："下雪了，好冷。"你却可以说："忽如一夜春风来，千树万树梨花开。散入珠帘湿罗幕，狐裘不暖锦衾薄。"[1]（雪忽然间宛如一夜春风吹来，好像是千树万树的梨花盛开。雪花散入珠帘打湿了罗幕，狐裘穿着不觉得暖和，锦被也嫌单薄。

当鼓励身边的人时，有人会说："别怕困难，坚持下去。"你却

---

[1] 出自唐朝诗人岑参的《白雪歌送武判官归京》。

可以说："垂下头颅，只是为了让思想扬起。你若有一个不屈的灵魂，脚下，就会有一片坚实的土地。"[1]

回到我们的学习中，背诵语文课文一直让很多人头疼。如何有效地背诵课文呢？我总结出了以下 3 种高效的方法，如图 3-1 所示。

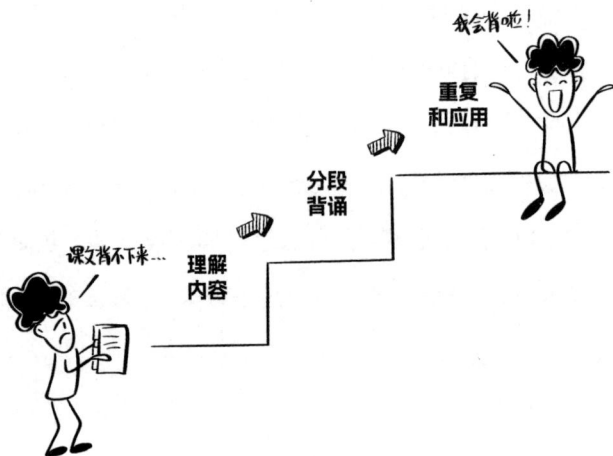

图 3-1　高效背诵课文的 3 种方法

1. 理解内容

理解是背诵的前提，在开始背诵前，首先要理解课文的内容、主旨和写作背景，从而更好地体会作者想要表达的思想和情感。

---

[1]　出自汪国真的《旅程》。

2. 分段背诵

可以将课文分成若干段落，一段一段地进行背诵。这样可以使背诵过程更有节奏，避免一次背诵过多内容导致记忆混乱。

在背诵的过程中，尝试将每个段落或句子与上下文联系起来，理解每个部分在整篇文章中的作用和意义，这样有助于加强记忆。

3. 重复和应用

对每个段落进行重复阅读和背诵。可以先大声读出来，然后尝试闭上眼睛回忆，不断重复这个过程，直到能够流畅地背诵出来。

尝试将课文中的文字或文学表现手法应用到其他语文素养的培养上，比如应用到写作文上。这种应用可以加深我们对课文内容的理解和记忆。

除了以上 3 种方法外，使用关键词来背诵语文课文也是一种有效的记忆方法。关键词可以帮助我们快速抓住课文的核心内容，从而更容易记忆。

第 1 步，仔细阅读课文，理解每一段文字的中心思想和写作意图。

第 2 步，识别重点，在每一段中找出最关键的人物、事件、概念或论点。比如：在记叙类文章中，关注故事的转折点、主要人物的行为和重要事件；在议论类文章中，关注作者的主要论点和关键论据。

第 3 步，把这些关键词标出来，重点记住这些关键词。然后由这些关键词作为记忆的支点，扩充记忆，连接整段文字，再记忆其他部分的内容。

例如，要背诵北宋苏轼的《水调歌头·明有几时有》，可以这样标注关键词：

明月几时有？把酒问青天。不知天上宫阙，今夕是何年。我欲乘风归去，又恐琼楼玉宇，高处不胜寒。起舞弄清影，何似在人间。转朱阁，低绮户，照无眠。不应有恨，何事长向别时圆？人有悲欢离合，月有阴晴圆缺，此事古难全。但愿人长久，千里共婵娟。

关键词就像茫茫大海上的灯塔，青青草原中的路标。通过提取和应用关键词，我们可以更加有效地掌握和回忆课文内容。除了背诵语文课文外，关键词记忆法还适用于背诵英语课文或一些需要记忆大量无规律信息的学科。

数学：好口诀让记忆更轻松

女儿刚上初中时，我经常看到她像背课文一样反复朗读数学和物理公式，但她又常常和我抱怨自己总是记不住抽象的数学和物理公式。

有一天晚上，我忍不住和她说："加加，记理科公式和原理不能只靠重复，你得理解它们。"

"可是这些概念都太抽象了，我理解不了啊！"女儿有点委屈。

"爸爸帮你看看！"我让女儿拿出数学和物理课本，她那时候正在学物质守恒定律和牛顿运动定律，我用简单的语言给她解释了一遍这些概念并讲了几个实际生活中的例子。女儿点了点头，说自己好像理解了。

理解了原理后，我又教她用口诀来记这些公式。我们一起编了一些简单有趣的小诗，将复杂的公式转化为易于记忆的语言。

通过这种方法，女儿逐渐发现自己不仅能记住更多的公式，而且了解了它们在实际问题中的应用。

初学理科时，很多同学会遇到记不住公式或原理的问题。尽管花了大量的时间和精力去记忆这些公式，但做题时候仍然不会。

这通常是因为很多人只关注公式本身，却忽视了对公式背后逻辑和原理的理解。

抽象的公式不是孤立的存在，它们是对自然界规律的精确描述和总结。如果只会机械记忆，我们可能会在短时间内记住公式，但实际应用时依然会感到困惑。面对稍有变化的题目，仅凭死记硬背往往难以应用。此外，这种学习方法还会让学习变得枯燥乏味。长此以往，可能会对学习失去信心，影响学习成绩。

有效的记忆，是建立在理解的基础上。在理科学习中，尤其是数学，理解公式的推导过程很关键。只有掌握公式背后的原理，才能够灵活地将这些公式应用于解决实际问题，从而在考试中拿高分。

提高自己解决问题的能力，是理科学习的最终目的。学好理科，能培养我们的科学思维，锻炼我们观察、假设、实验、分析和推理等一系列能力，帮助我们更客观地看待问题，从而更科学地解决问题。

在记忆理科公式和原理之前，首先要理解公式的含义和应用场景，了解它们是如何被推导出来的，以及明白这些公式和原理是如何解决实际问题的。

理解之后，在记忆层面，可以采用的方法有很多，我比较推荐的方法是编口诀，也就是根据公式或原理的特点，编简短有趣、朗朗上口的口诀，最好能够押韵，这样更容易记住。口诀中要包含公式或原理的关键元素和实施步骤等，例如物理公式中的变量、数学公式中的操作符等。

例如，在数学中，记忆因式分解方法的口诀可以是这样的。

一提（公因式）二套（公式）三分组，细看几项不离谱；

两项只用平方差，三项十字相乘法；

阵法熟练不马虎，四项仔细看清楚；

若有三个平方数（项），就用一三来分组；否则二二去分组，

五项、六项更多项，

三、三三试分组；

以上若都行不通，拆项、添项看清楚。

例如，在物理中，记忆热力学知识的口诀可以是这样的。

冷热表示用温度，热胀冷缩测温度。

冰点零度沸点百，常用单位摄氏度。

量程分度要看好，放对观察视线平。

测体温前必先甩，细缩口和放大镜。

物体状态有三类，固体液体和气体。

物态变化有六种，熔凝汽液升凝华。

这类口诀可以自己编写，也可以上网查找现成的口诀。

有了口诀还不够，还要不断重复，通过反复朗读或默念来加强记忆，重复的时候可以试着把公式写下来，然后对照公式再背诵口诀。

切记，理科的公式和原理不仅是用来说明问题的，更是用来解决问题的。多应用公式和原理来解题是巩固记忆的最佳方式。

英语：善用情境，无痛背单词

女儿小学三年级的时候才开始学英语。面对陌生的语言，她是先从死记硬背开始的。她经常拿着单词本大声朗读，然后背诵。然而，她很快就发现这种方法效果很差：原本记住的单词，很快就忘了，还得花时间再复习。就算是那些她已经记住的单词，也只是能拼写下来，放在英语课文里面认识，但让她自己用这些单词来造句她就不知道该怎么用了。

有一天，我跟她一起出去散步，我告诉她："记英语单词不能死记硬背，得理解单词的意思，还要知道如何在实际生活中正确使用这些单词。"

我想了个办法。我会假设一些生活场景，如餐馆点餐、公园散步、商店购物等，围绕这些场景创造出简单的对话，每个对话都包含了女儿在课堂上新学的单词。这种加深记忆的方法就是"情境记忆法"。

例如，学习"strawberry"（草莓）这个单词时，我会创造一个场景："假如我们在超市，我问你要不要买草莓。你可以说，'Yes, let's buy some strawberries. I love strawberries!'"这样的练习使每个单词都与一个具体的情境相联系，不仅增加了学习的趣味性，也使记忆更为牢固。

为了进一步加深记忆，我还鼓励女儿用新学的单词来写小故事，或者描述一些情景。我们还会一起看英文绘本和简单的英文电影，讨论故事中出现的单词和句子。

一段时间后，女儿不仅记住了更多的英语单词，还能用这些单词表达自己的想法。毕竟，学一门新语言的最终目的不是应对考试，而是用它来表达和交流。

情境记忆法是一种高效记单词的方法——将英语单词放到一个具体的语境或情境中来记忆，而不是孤立地记忆单词本身。这种方法可以帮助我们理解单词的用法，从而更好地记住单词。

应用情境记忆法时，我们可以参考如下 4 个步骤，如图 3-2 所示。

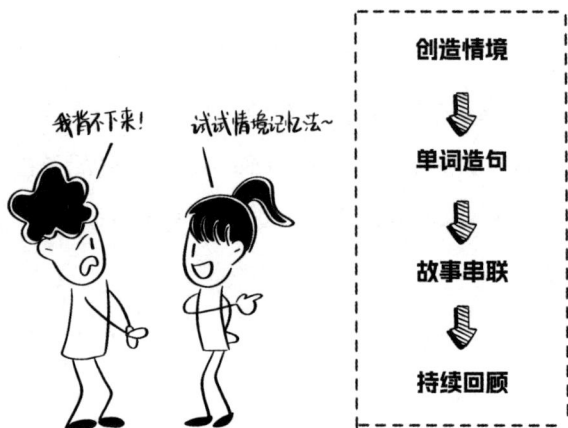

图 3-2 应用情境记忆法的 4 个步骤

1. 创造情境

为每个要记忆的单词创造一个情境。这个情境可以是一个真实的场景，例如在超市购物发生的故事；也可以是一个虚构的场景，例如一个勇士在海上冒险的故事。我们在创造情境的时候，可以充分发挥想象力。此外，一个英语单词可能会变化为不同的时态，单复数的形式也会发生变化，因此在做情境练习的时候要把这些单词在不同语境下的变化都用上。

2. 单词造句

在自己设定的情境中使用单词来造句。造句的时候尽量使句子本身具有实际意义并贴近生活，这样可以帮助我们更好地理解和记忆单词。

如果可能的话，最好结合相关的图片或加入一些视觉元素。例如，当你要记与动物相关的单词时，你可以边看着动物的图片边造句，这有助于加深对单词含义的理解和记忆。

还可以尝试使用这些单词进行模拟对话。与同伴一起练习，或者自己同时模拟不同的角色进行对话。这种互动式的学习方法可以使单词记忆的过程更生动有趣。

3. 故事串联

学会了一系列单词之后，你可以尝试用一个连贯的故事来串联这些单词。在这个故事中，每个单词都有其特定的使用场景和语境，这样有助于记住单词之间的联系。用这些新学的单词来讲故事，还能锻炼你的英语表达和写作能力。为了能用到所有新学的单词，刚开始练习的时候，故事不一定要精彩，甚至不需要符合逻辑，只要语法和单词准确就行。

4. 持续回顾

情境记忆法虽然好，但也无法一劳永逸地解决问题，只有定期复习才能加强记忆。当然，你的复习方式也可以"情景化"，比如在日常生活中应用这些单词，看英语电影或听英语歌曲时注意字幕或歌词中出现的单词及其含义。

通过使用情境记忆法，可以在实际语境中学习和记忆单词。这样不仅可以提高记忆的效率，还能增加学习的趣味性。

第二节 "最强大脑"的五大记忆法

记忆是学习的基础，记忆技巧对于提升学习成绩至关重要。本节我将深入浅出地向你介绍几种高效的记忆技巧，帮助你更好地提升记忆力。

宫殿记忆法

我曾经辅导女儿用宫殿记忆法来记忆与太阳系相关的物理知识，效果极佳。

宫殿记忆法，顾名思义，就是在脑中构建出一个空间。这个空间可以是完全虚拟的，也可以是实际的、自己熟悉的物理空间。

我和女儿选择了我们的家作为记忆宫殿，因为这是她最熟悉的空间。我让她想象自己正走进家门，然后放置第一个信息点——太阳作为整个太阳系的中心，被想象成一个巨大的发光球体，悬挂在门口。

进门后，我们继续往里走，沿着进屋的路径依次放置太阳系中的其他行星，例如：把水星想象成一个很小但很亮的光球，将它放在鞋柜上；金星则被想象成一个较大的、有云层的光球，将它放在沙发旁边。

为了记住每颗行星的特征，女儿要将它们转化为对应的图像。比如，想象火星是一个红色的球体，表面覆盖着沙尘。

接下来，我们按照行星与太阳之间距离的远近来排列这些行星所在的位置，越靠近门口位置的行星代表离太阳越近，而离门口越远的行星则代表离太阳越远。

通过这种空间想象的方式，女儿漫步于记忆宫殿，逐渐记住了太阳系各行星的信息。

这种方法有效地利用了空间记忆和视觉记忆的原理，将复杂的信息和熟悉的空间结合起来，更容易被记住。

宫殿记忆法，是一种古老的记忆技巧，它利用我们大脑对空间信息的强大处理能力来提高记忆效率。我们在心中构建一个详细的虚拟空间，即"宫殿"，然后将需要记忆的信息转换为生动的视觉图像，并将这些图像放置在宫殿的不同位置。

宫殿记忆法为什么有效呢？

首先，我们的大脑对图像的记忆能力远胜于抽象的文字或数字。通过将抽象的概念转换为具体的视觉图像，宫殿记忆法使记忆变得更加容易。其次，当信息与特定的空间位置相关联时，我们更容易记住这些信息。在记忆宫殿中，每个信息都与一个独特的空间位置绑定，形成了一种情境编码，这样在回忆时就能迅速定位到正确的信息。

此外，宫殿记忆法提供了一种结构化的记忆方式。通过将信息分布在宫殿的不同区域，使我们能够以一种有序的方式组织大量的信息，从而在需要时能够系统地检索和回忆这些信息。

　　宫殿记忆法还是一种主动学习的方式，它要求我们主动参与创造记忆图像和构建记忆宫殿的过程。这种主动参与不仅能够增强记忆，还能够帮助我们更深入地理解和掌握知识。

　　如何有效地运用宫殿记忆法呢？可以分成 5 个步骤，如图 3-3 所示。

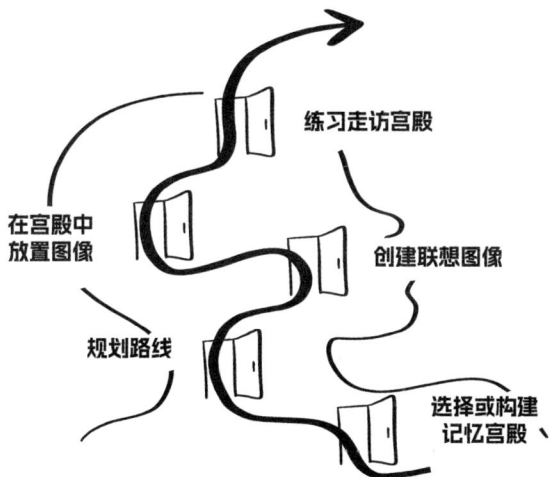

图 3-3　有效运用宫殿记忆法的 5 个步骤

1. 选择或构建记忆宫殿

选择一个你比较熟悉的地方（空间）作为你的记忆宫殿，比如家、学校、图书馆或一个你经常去的公园。当然，你也可以在脑海中构建一个全新的、你比较喜欢的或者有清晰区域布局的虚拟空间。

2. 规划路线

在你的记忆宫殿中规划一条路径清晰且容易被记住的路线。这条路径可以是常规的、现实的，也可以是特别的，只有你自己清楚。例如，你在大脑中构建了一座大楼，这座大楼的房间是上下贯通的，你的路线是从顶楼第一间逐层往下走，这虽然可能与现实不符，但只要不影响你的记忆即可。

3. 创建联想图像

将需要记忆的信息转换成生动独特的甚至有些夸张的图像。例如，如果你需要记忆历史中的某个事件，可以将这个事件想象成一幅充满细节的场景图，其中包括该事件的人物、时间，甚至一些具体的动作。这样的视觉图像能够作为记忆的钩子，帮你快速回想起相关的历史信息。

对于一些比较复杂的知识，一幅画也许难以承载其全部信息，这时你可以将知识点打散，将其分布在记忆宫殿的不同空间里。

4. 在宫殿中放置图像

沿着你在记忆宫殿中规划的路线，将这些图像放置在特定的位置上。例如，你可以将某个历史事件的一个场景放在客厅的沙发上，另一个放在厨房的餐桌旁。

如果你想在一个空间中放置两幅图像或更多的图像也可以。不过对于大多数人来说，最好一个空间对应一幅画面，这样不容易乱，记忆效果也更好。

5. 练习走访宫殿

在心里沿着你的路线走一遍，观察每个位置上的图像。通过这种方式，你可以将信息与特定的位置联系起来。

定期在大脑中走访你的记忆宫殿，回想每个位置上的图像和它们代表的信息，这样可以帮助你巩固记忆并减少遗忘。

你还可以逐渐扩展你的记忆宫殿，增加更多的空间和路线，并在其中放置更多信息。这样你就能把新学习的知识纳入自己的知识宫殿中。

　　宫殿记忆法通过将抽象的信息转换为具体的图像，并将其放置在一个虚拟空间中，使记忆更加生动和持久。通过使用宫殿记忆法，我们可以在一个有组织的框架内记忆大量信息，尤其是那些需要按顺序或分类记忆的信息，比如历史事件、科学概念等。

视觉记忆法

　　生物课上，老师讲到了人体循环系统。由于女儿刚刚接触生物，对很多知识不理解，自然也就记不住它们。

　　"要不试试把这些知识画出来，看看能不能帮你更好地理解和记忆。"

　　首先，我们照着课本画了一幅心脏的图像，这个图像包含心房、心室、瓣膜等结构。我们一边画，一边对照着课本上的介绍，用不同颜色的笔将心脏各部分的功能标注在对应位置。

　　接着，我又让女儿画了血管和血液循环的图像。女儿一开始不会画，于是我找来了一幅人体血液循环图，让她照着画。虽然画得并不完美，但麻雀虽小五脏俱全。

　　从她画的图里能大致看出血液在心脏和全身循环的路径——她使用箭头来表示血液流动的方向，用不同的颜色表示动脉血液和静脉血液的不同路径。除了画出一些主要血管的位置之外，她甚至还画了一些毛细血管的结构。

为了加深理解，我还和女儿一起做了一张表格，列出了人体循环系统的相关术语和主要功能解释。女儿在每个功能旁边还分别画了一个简单的图标，来帮助自己记忆。

最后，我们一起画了一幅思维导图，将心脏、血管和血液等关键要素连接起来，形成一幅完整的循环系统概览图。

相比于文字或听觉信息、大脑对图像的处理和记忆能力更为出色。视觉记忆法正是利用这一优势，通过将抽象的知识转化为直观的图像，提高记忆效率。

这种方法可以看作是宫殿记忆法的一个变体，其中记忆宫殿中的虚拟空间和图像被实际地呈现在我们的视觉中。这种实体化的视觉信息可以帮助我们更快速地记忆和回忆知识点。

与宫殿记忆法相似，视觉记忆法同样涉及空间位置的记忆。但是，在视觉记忆法中，空间位置不是指虚拟宫殿中的房间或家具，而是指图像中各个知识点之间的空间布局。通过将不同的知识点放置在特定的位置上，我们可以构建一个视觉上的信息地图，这有助于我们在回忆时快速定位和提取所需的信息。

例如，你可以在一张纸上绘制一个图表或思维导图，将不同的概念或事实放在特定的位置。这种视觉布局不仅可以帮助你更好地组织和理解信息，还可以在回忆时成为一个有用的视觉线索。

如何应用视觉记忆法来提高记忆力呢？可以分成 4 个步骤，如图 3-4 所示。

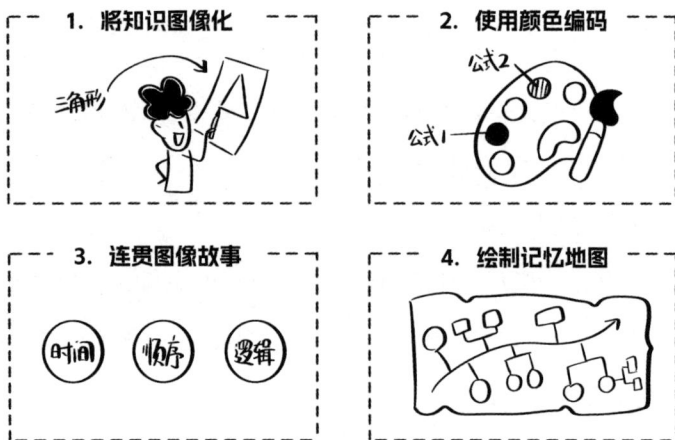

图 3-4　应用视觉记忆法提高记忆力的 4 个步骤

1. 将知识图像化

在学习过程中，尽可能将文字信息转换成图像。

例如，在学生物时，复杂的细胞结构和功能可以通过绘制细胞图来理解和记忆。这幅图像包括细胞的各个部分，我们还可以通过使用不同的颜色和符号来标记不同的细胞及其各自的功能。

在学历史时，你可以将历史事件画成时间轴，最好在时间轴上标注重要的历史事件及其相关日期，并标出这些事件之间的关联。对于某些关键事件，我们可以绘制简单的场景图来辅助记忆。这样可以帮助我们更好地理解历史发展的脉络。

需要注意的是，你画的图像不必过于复杂，也不必过于追求美观，重要的是这些图像要能够准确地传递出信息，为我们提供清晰的视觉记忆点。

2. 使用颜色编码

我们可以利用不同的颜色来区分和强调不同类型的信息。

例如，在学化学反应的时候，可以使用不同颜色的标记来区分不同类型的反应，比如酸碱反应可以用蓝色标记，氧化还原反应可以用红色标记，沉淀反应可以用绿色标记。

这样一来，我们在复习的时候可以迅速通过颜色来识别反应类型，从而加快信息的记忆。同样的方法也可以用于对元素周期表的学习，比如用不同的颜色区分不同族的元素，或用特定的颜色来标记特定属性的元素，如金属、非金属等。

在使用颜色编码时，要注意保持颜色的一致性和系统性。同一种颜色应该始终代表同一类型的信息，以避免混淆。此外，选择那些比较鲜明的、对比度高的颜色，可以帮助你区分信息之间的差别，提高记忆效果。

3. 连贯图像故事

如果一个知识点可以被绘制成一幅图像，那么一系列知识点就可以形成一系列的图像，甚至形成一个连贯完整的图像故事。这一系列的图像故事，能够构建起一个完整的知识体系。

例如，学历史的时候，我们可以将一段时期内的重要历史事件串联起来，制作成一个图像故事。每个历史事件都对应一幅具体的图像，这些图像能够直观地反映事件的核心内容和特点。

在制作图像故事的时候，要注意整个故事的连贯性，保证故事有逻辑、有条理。图像应按照某种顺序（例如时间顺序或逻辑顺序）排列，形成一段流畅的叙事。这样的话，我们不仅能记住单幅图像所代表的单个事件，还可以更顺畅地梳理历史发展的脉络并理解事件之间的因果关系。

我们可以通过复述图像故事来复习，试着不看这些图像，在脑海中回忆图像的内容，重建整个故事，加深对事件的理解和记忆。

4. 绘制记忆地图

当知识点比较多时，可以把所有的关键信息绘制成一幅"记忆地图"，这样知识就变得更加全面系统。

在绘制记忆地图之前，首先要搜集所需的关键知识，避免地图内容过于冗杂。随着学习的深入，记忆地图可以不断更新和扩展。定期回顾和更新记忆地图，可以帮助巩固记忆，并保持知识体系的完整性。

视觉记忆法适用于那些需要记忆大量细节和复杂概念的学科，尤其适合视觉型学习者。

关联记忆法

一天，女儿告诉我，最近生物课上老师讲到了光合作用，但是她觉得里面的概念很抽象，自己又没有透视眼，看不到植物体内发生的一切，因此很难完全理解这个过程。

我想了想，说："你可以试着和一些熟悉的事物相关联，比如把植物想象成一座工厂，而氧气就是工厂生产出来的产品。"

我引导女儿将光合作用中的反应和工厂的生产流程联系起来。

"太阳是工厂生产过程中使用的能源，叶绿体是忙碌的工人，水和二氧化碳是工厂生产时要用到的原料，而氧气和有机物是工厂生产出的最终产品。"

女儿说："我觉得叶绿体是生产车间，阳光、水和二氧化碳是工厂的原料，有机物是工厂生产出的产品，氧气是工厂排放出的气体。"

我说："也可以呀，你能自圆其说就行！"

这就是关联记忆法——也称为联想记忆法，是一种利用大脑自然建立联系的能力来提高记忆效率的技巧。这种方法通过将新信息与我们日常生活中熟悉的事物相联系，使知识更加生动，更容易被记住。

例如，当我们要记住一个复杂的科学概念时，我们可以尝试将其与一个简单的日常场景或个人经历相联系。这种联系既可以是直接的，也可以是富有创意和幽默的，因为大脑对于不寻常或有趣的信息更为敏感。

使用关联记忆法进行记忆时，可以遵循如下 3 个步骤，如图 3-5 所示。

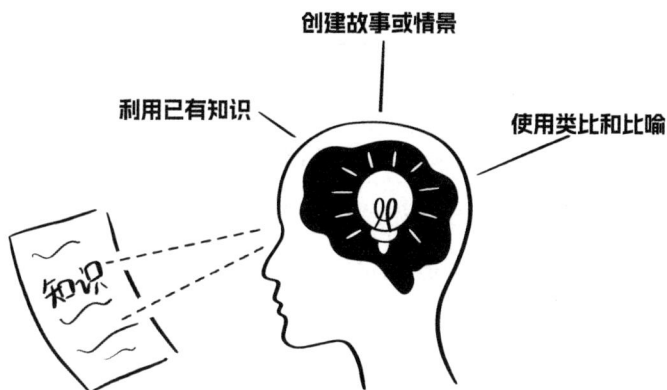

图 3-5　使用关联记忆法进行记忆的 3 个步骤

1. 利用已有知识

将新学的知识与你已熟悉的知识相关联，寻找新知识与已知知识之间的相似或关联的部分。例如，你正在学第二次世界大战的历史，在此之前你已经学过了第一次世界大战。这时你可以通过比较两次世界大战的原因、主要参战国、战争过程和结果来关联这两个历史事件。你还可以探讨这两次世界大战的不同导火索，以及战争对全球政治格局的长期影响。这样有助于你更快记住第二次世界大战的历史细节，也会记得更清楚。

2. 创建故事或情景

相较于枯燥的知识点，大脑更容易记住故事。所以如果想加强记忆，可以试着编一个包含新知识点的故事或情景。

例如，你正在学习关于世界七大洲的地理特征的知识。为了更好地记忆这些信息，你可以编一个环球旅行的故事。在这个故事中，你是一名探险家。在旅行途中，你游历亚洲的广阔平原、非洲的炎热沙漠、欧洲的历史古城、北美洲的绵延山脉、南美洲的繁茂雨林、大洋洲的美丽岛屿和南极洲的冰冷荒野。通过这个故事，你不仅能够记住每个洲的主要地理特征，还能在想象中体验不同地区的文化。

3. 使用类比和比喻

类比和比喻，可以帮助我们将新概念与我们熟悉的事物或情景相联系，从而更好地理解和记忆这些概念。

例如，在学物理的时候，为了理解电流的流动、电压和电阻等概念，我们可以用水流来类比，电压可以被视为水压，电流量则类似于水流量，而电阻则类似于水管中的某种障碍物。这样的类比可以让你以更直观的方式理解电路中的基本原理。

例如，学习历史中工业革命的概念时，我们可以将工业革命比作机械中的变速齿轮，工业革命的各个阶段可以被视为不同的齿轮设置，每个设置代表了不同的技术和社会变革。从手工作坊到蒸汽机，再到大规模工业生产，每个阶段都像是齿轮的连接与动力的转换，推动了整个社会经济结构的快速转变。

关联记忆法是将新学习的知识与已知的信息、故事或感官体验相联系。通过使用关联记忆法，我们可以更有效地记忆新知识，提高记忆的效率。

情绪记忆法

刚上初中时，女儿经常用死记硬背的方式学历史。

有一天，她正在复习秦始皇统一六国的这段历史，我看她背得很痛苦，就走过去提议："加加，爸爸教你换个背书的方式。"

我坐在她旁边，拿出书，先是和她一起回顾了秦始皇统一六国的过程，包括秦国的崛起、春秋战国时期各国的纷争等。

我让女儿试着想象一下自己就是秦始皇，尝试理解秦始皇对统一的决心和渴望。

然后，我让她试着以其他六国人民的视角，体会他们对秦国崛起的不安，以及在面对秦国的强大攻势时，六国人民的恐惧感。

在记忆秦始皇统一六国的关键年代和事件时，我让她将这些知识与自己在这一过程中的情感变化相结合。

我试着和女儿一起为每个重要事件创造一个情感化的场景。例如，我们一起想象秦始皇巡游天下时的雄壮景象，以他的视角感受他的喜悦感和自豪感。

这种有代入感的情绪记忆法使女儿更好地记住了重要历史细节，这不仅是在学习历史，也是在感受历史。

人的情绪对记忆有巨大的影响，我们往往对能够引发强烈情绪波动的事件印象深刻。

情绪记忆法是一种利用情绪和情感来增强记忆的方法，这种方法基于情绪在我们大脑中留下的深刻印象，因为那些能够引发强烈情绪波动的事件通常比日常生活中的普通事件更容易被记住。

那么，如何有效应用情绪记忆法呢？以下是情绪记忆法的 5 种实践技巧，如图 3-6 所示。

图 3-6　情绪记忆法的 5 种实践技巧

1. 情绪联结

这种技巧利用了情绪在我们记忆形成过程中的重要作用。当我们学习新知识时，如果我们能够将它与一个强烈的情绪体验联系起来，那么这个知识就更容易被记住。

例如，如果你正在学一个新的英语单词，你可以尝试将它与你最喜欢的歌曲、电影场景或者个人经历中的情感时刻联系起来。这种情绪上的联系可以作为记忆的"钩子"，帮助你在需要时回忆起这个单词。

2. 情感强化

这种技巧是通过创造一个积极的情感环境来增强记忆。当我们处于积极的情绪状态时，我们的记忆力往往会更好。因此，在学习或复习时，选择一个你喜欢的地方，播放你喜欢的音乐，或者与你的朋友一起学习，这些都可以提升你的情绪状态，从而提高记忆效果。

3. 情感模拟

这种技巧要求你在记忆信息时模拟与该信息相关的情感状态。

例如，如果你正在记一个历史事件，你可以试着想象自己处于那个时代，感受那个时代的情感氛围。或者，如果你正在学习一篇文学作品，那么你可以尝试理解并模拟作品中角色的情感，这样可以帮助你更好地记住作品的细节。

4. 故事化

我们的大脑对故事有着天生的偏好，因为故事能够提供情境和情感背景，这有助于我们更好地理解和记忆信息。将你需要记忆的信息编织成一个有情感的故事，可以让这些信息更加生动和有意义，从而更容易被记住。

例如，如果你需要记住一系列的事实或数据，你可以尝试将它们编成一个故事，这样你就不是在记忆孤立的信息点，而是在记忆一个连贯的故事。

5. 情感释放

这种技巧鼓励你在记忆过程中允许自己体验和表达与信息相关的情感。有时候，我们可能会压抑或忽视与某些信息相关的情感，这可能会影响我们的记忆。通过情感释放，我们不仅能够更深刻地体会信息带给我们的情感，还能够加深对信息的记忆。例如，如果你正在学习一篇伤感的课文，你可以允许自己感到愤怒或悲伤，并表达这些情感，这样可以帮助你更深刻地记住相关的内容和细节。

上述技巧都强调了情绪在我们记忆过程中的重要性。通过有意识地利用情绪，我们可以更有效地记忆和回忆信息。

睡眠记忆法

接下来不讲女儿的故事了，讲一个我的邻居辰辰的故事吧！

辰辰从小被父母"鸡娃"长大，父母对他一直期望很高，因此辰辰学习压力很大，尤其上初中之后，每次考试前他都非常焦虑。这导致他考试前都会疯狂复习，甚至熬夜到很晚。然而，这样做，使他白天更加疲惫，无法集中注意力听课，甚至有时会在课堂上睡着。

班主任找到了辰辰的父母，反馈了他课上走神甚至睡觉的问题。父母才恍然大悟，辰辰晚上太"用功"，结果适得其反。而且，考试成绩也不理想。

父母和辰辰促膝长谈了一次，彼此都决定放松一下，不然辰辰的身体健康就会出问题。

辰辰首先做的就是不再熬夜复习，晚上的学习时间控制在3小时内，其他的时间也可以做自己想做的事。渐渐地，辰辰整个人都松弛了很多，白天的精神状态也很好了，学习效率还提高了！

为什么会这样呢？其实，学习并不是一场比拼时间投入的竞赛，而是一场关于学习效率的比拼。

我曾经就教过女儿一种记忆方法——睡眠记忆法。

女儿在刚上初中的时候，有段时间总是休息不好，早晨起床后总说困，还和我抱怨自己上课没精神，晚上回家也学不进去——这就形成了一个恶性循环。后来我帮助她调整了睡眠习惯，并在睡觉前和醒来后把复习的内容过一下，这样她能睡好，还能学好。

和辰辰的父母聊了之后，他们也让辰辰这么做了。先好好睡觉，然后利用好睡觉前和醒来后的时间专注学习，在睡好觉的前提下提高学习效率。

辰辰的父母告诉我，现在每天早上醒来时，辰辰都充满活力，还会在起床后的第一时间，复习睡前看过的知识点。

"这时候，前一天晚上看过的知识点就像被唤醒了似的，再次涌现在我的眼前，我发现这种记忆方法的效果特别好。"辰辰告诉我。

睡眠记忆法的核心原理是借助睡眠期间对记忆的加工、巩固和整合作用。通过提升睡眠质量并合理规划学习时间，优化记忆的存储与提取效率。具体方法是在睡前学习一段时间（可以是 10 分钟到 30 分钟），然后入眠，醒来后第一时间再将前一晚所学内容复习一遍（时间同样可以是 10 分钟到 30 分钟），这样可以有效加强记忆。

想要充分有效地利用睡眠记忆法，我这里有 3 点建议，如图 3-7 所示。

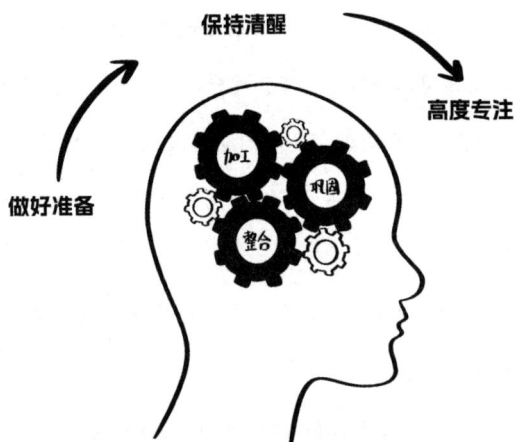

图 3-7　关于睡眠记忆法的 3 点建议

1. 做好准备

利用睡眠记忆法学习时，身边一定要为睡前学习和醒来复习做好准备：包括"硬件"准备，如课本、参考书、床头灯、笔记本、铅笔等；也包括"软件"准备，如在预定睡觉时间前，为自己留下充足的学习时间。

2. 保持清醒

睡眠记忆法对睡觉前和醒来后学习时大脑的状态要求很高。不论是睡觉前还是醒来后，头脑都要保持清醒。这需要我们调整好自己的生物钟，保持固定的作息时间和良好的睡眠质量。

3. 高度专注

除了清醒的头脑外，运用睡眠记忆法学习时，还要保持高度的专注。如果我们给人的专注力最高打 10 分的话，能够帮助我们有效践行睡眠记忆法的专注力至少要保持在 9 分及以上。此外，我们还要在这个过程中尽量避免被干扰，远离电子设备。

通过睡眠记忆法，我们可以充分利用每天晚上的睡前时间和早晨醒来后的时间来复习，借助睡眠对记忆的影响，提高记忆效率。

第三节　强化记忆的黄金法则

此前，我们已经探索了学科特定的学习方法和多种高效的记忆技巧。为了更有效地应用艾宾浩斯记忆法，接下来我们需要了解一些强化记忆的方法。

适合自己的才是最好的

一天，我随手翻看女儿的语文笔记本，看到她的本子上画满了各种图画和思维导图。

"加加，你的笔记做得很好看呀！"

"是呢，我很喜欢'画'笔记，这样我更容易记住这些知识点。"

"看来你是一个视觉型的学习者，你的大脑更擅长处理图像、颜色和空间布局。"

"真的吗？这就是我喜欢用彩色笔画图和制作思维导图的原因？"女儿似乎对这个很感兴趣。

"没错。每个人的学习方式都有所不同。有些人喜欢听，有些人喜欢动手操作，而你，显然对视觉元素更敏感。"

"我真的很喜欢这样记笔记，这样让我觉得学习不是负担，而是一种探索和创造。"女儿脸上露出了笑容。

看着她那满足而快乐的样子，我感到无比欣慰。我鼓励道："那就继续用你喜欢的方式学习吧！最好的学习方式就是适合你的。"

我们在前面讨论了以艾宾浩斯记忆法为基础的多种记忆技巧。面对这些方法，你可能不知道哪种最适合你。实际上，选择最有效的记忆方法需要你首先了解自己的学习风格。

每个人都有独特的学习风格，这是指我们在接收和处理信息时所偏好的方式。常见的学习风格主要分为视觉型、听觉型和动觉型。

1. 视觉型学习者

视觉型学习者对图像、颜色、布局、表格等视觉表现形式非常敏感，更善于从视觉表现的信息中理解和记忆信息。这类人在审视图形、表格等视觉信息时能够更好地集中注意力，并从中高效吸收知识。

对于视觉型学习者来说，提高学习效率的方法如下。

（1）绘制思维导图。视觉型学习者可以通过绘制思维导图来辅助学习或复习。

（2）观看视频。通过观看讲解知识的动画或视频，视觉型学习者可以更容易理解复杂的科学实验或历史事件。

（3）用各种彩色笔来记笔记。在笔记中使用不同颜色的笔来标记知识，可以帮助视觉型学习者更好地区分和记住不同概念。

（4）图形记忆法。记忆那些抽象的概念或知识的时候，可以将知识与具体的图形或场景关联起来。

2. 听觉型学习者

听觉型学习者在学习过程中比较偏好听觉信息，通过听的方式吸收知识的效果更好。这类人往往天生具备比较强的声音和语言记忆能力，对语言的抑扬顿挫有较强的感知能力，能够从听到的信息中快速捕捉和理解关键点，尤其在语言学习方面表现出色。

对于听觉型学习者来说，提高学习效率的方法如下。

（1）听课堂录音。这类学习者适合通过听课堂录音来复习和巩固课堂上的知识。

（2）参与小组讨论。讨论或研讨可以使听觉型学习者在互动中学习。在讨论过程中，这类学习者可以听到不同的观点和思考方式，这有助于他们扩展思维。

（3）听有声书或教育广播。有声书和教育广播提供了一种便捷的学习方式，使听觉型学习者能够在通勤、休息或做家务时学习。

（4）用故事、歌曲或顺口溜记忆。将学习内容转化为故事、歌曲或顺口溜可以极大地提高听觉型学习者的记忆效果。

3. 动觉型学习者

动觉型学习者偏向于通过亲身体验和实际操作来学习。他们通常不满足于只是通过视觉或听觉的方式来获取知识，而更喜欢亲自动手实践。例如，在学习物理和化学的时候，这类人更愿意通过做实验来理解物理定律和化学反应。

对于动觉型学习者来说，提高学习效率的方法如下。

（1）动手实验。动觉型学习者倾向于通过动手实验来理解复杂概念。

（2）实地考察。动觉型学习者更喜欢通过实地考察历史遗迹、参观博物馆或地质公园来加深对历史或地理的理解。

（3）搭建模型。在学抽象的数学概念时，他们倾向于通过搭建几何模型来理解空间关系，比如，使用积木或拼图来搭建不同的几何形状，直观地理解几何原理。

（4）参与角色扮演。通过扮演历史事件中的角色，这类学习者不仅能够更深入地理解事件的背景和细节，还能通过亲身体验来加强记忆。

那么，你怎么能知道自己属于哪类学习者呢？

1. 尝试不同的方法

实践是最好的学习方式。通过尝试使用不同的记忆方法，如图像记忆法、联想记忆法等，你可以观察哪种方法对你来说最有效。

2. 自我观察

在尝试每种记忆方法时，观察自己的反应和记忆效果，注意哪些方法让你感到舒适，哪些方法可以帮助你更好地记忆信息。

3. 评估记忆效果

对每种尝试过的记忆方法进行效果评估。你可以通过小测试或简单的复习来检查哪种方法能帮助你更好地记忆信息。

4. 考虑个人兴趣

你的个人兴趣也会影响记忆的有效性。选择与你的兴趣爱好有关联的记忆方法，可以提高学习的积极性，增强记忆效果。

5. 寻求反馈

当局者迷，旁观者清。很多时候，别人也许比你更了解你自己。多和老师、同学沟通交流，寻求反馈，从他们那里你也许可以获得新的视角。

6. 结合多种方法

不要限制自己只使用一种方法，灵活地调整和运用不同的学习方法和记忆技巧或许会带来更好的学习效果。因此你可以把多种记忆方法结合起来使用，全面提升自己的记忆力。

了解自己的学习风格和偏好是提高学习效率的关键，同时也可以让学习过程变得更快乐。试着了解自己的学习和记忆习惯，找到最适合自己的学习方法，可以让你的学习效率更上一层楼。

提升专注力是关键

一天，女儿问我："爸爸，我发现我学习的时候，脑子里总想着别的事情，比如我现在在做数学题，我脑子里却不自觉地想着周末去哪里玩。你说怎么才能不想这些事呢？"

"加加，你这就是专注力差的表现，其实提升专注力，是需要一些技巧和练习的。"

女儿将信将疑："有什么办法吗？"

我摸摸女儿的头，说："我们可以先设定一个学习目标，这样做可以帮助你有目的性地学习，而且知道什么时候可以休息，也会让你在学习的时候更容易集中注意力。"

女儿点点头。

接着，我帮她重新整理了房间，尽量保持桌面整洁，减少干扰物品。我还在她的书桌旁放置了一盆绿植，让房间充满生机。然后，我建议她试一试番茄工作法——全神贯注地学习25分钟，然后休息5分钟。我告诉她："短暂的休息可以帮助你的大脑放松，从而让你在下一个 25 分钟里注意力更集中。" 我建议女儿在学习前或间歇时做一些简单的室内体操。我解释道："运动可以提高你的血液循环，让你更清醒，注意力更集中。"

几周后，女儿不再像以前那样容易分心了，她学会了管理自己的时间和注意力。

时间对于每个人来说是最公平的，每个人都有 24 小时。然而，如何使用这些时间，尤其是如何分配我们的注意力，才是真正决定人与人之间差异的因素。学会管理自己，控制自己的注意力，这不仅对学习大有裨益，而且在你未来的人生旅途中，也是一项宝贵的技能。

有些人认为，注意力不集中只是因为学习时不够认真，只要更加努力，就能集中注意力。但事实上，这个观点并不完全正确。确实，有些同学在学习时分心可能是因为自我要求不严，不会主动管理自己。然而，人的注意力就像肌肉一样，是有限的。对于大多数人来说，长时间保持高度专注是不切实际的。如果你在一天中已经长时间集中注意力做了一件事，没有适当的休息和调整，你就很难在之后继续高度集中注意力去学习了。

因此，保持专注力的关键在于找到适合的节奏。这就好比你要攀登一座高山。你可能有能力登顶，但如果你一开始就用力过猛，不懂得保留体力，让自己过于疲惫，你可能会很难在短时间内恢复体力，从而失去继续攀登的欲望，最终选择放弃。

然而，如果你能够提前规划好节奏，每爬一段就停下来休息一下，欣赏一下远处的风景，让自己放松，然后再继续前进，这样你往往就能够顺利地到达山顶。同样，通过合理安排学习和休息的时间，你能够更有效地保持专注，实现学习目标。

要让自己保持专注，可以遵循如下 6 个步骤，如图 3-8 所示。

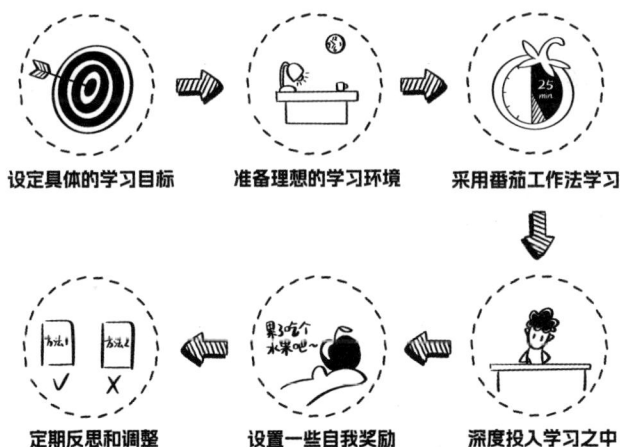

图 3-8　保持专注力的 6 个步骤

1. 设定具体的学习目标

在开始学习之前，明确你要达成的具体目标。有了目标，就有了方向。

这里的目标应该符合 SMART 原则，比如"在接下来的 1 小时内，我要完成数学练习中的 5 道题"或"阅读并理解接下来的 10 页物理课本内容"。

2. 布置理想的学习环境

学习的时候，一定要提前布置好自己的学习环境，确保环境是安静的、舒适的、光线适宜的，并且远离手机等干扰源。

如果你没有条件找到足够安静的学习环境，可以试着使用耳塞、降噪耳机，听白噪音、放一些舒缓的背景音乐来帮你保持专注力。

3. 采用番茄工作法学习

番茄工作法是非常有效的时间管理方法。你可以设定 25 分钟左右的专注学习时间，随后休息 5 分钟左右，然后循环执行。这样的时间分配可以帮助你保持专注力，同时也确保有足够的休息时间，避免疲劳，从而提高工作和学习的效率。

4. 深度投入学习之中

在学习期间，你要尽最大努力，让自己完全投入学习任务中。如果你的思绪开始游离，可以提醒自己回到任务上。同时尽量避免长时间学习，注意休息。

另外，你可以尝试将学习内容与自己的生活经验或兴趣联系起来，以增加学习的吸引力。

5. 设置自我奖励机制

如果你发现自己学习的时候比较难专注，可以试着给自己设定一份奖励，以激励自己专注学习的状态。奖励是象征性的。这种自我奖励可以是物质奖励，比如喜欢的食物或心仪的小礼品；也可以是非物质奖励，比如一段休闲的时光。

6. 定期复盘和调整

在每次学习周期结束后，简单地复盘下自己的学习效果。看看你在这个过程中有没有保持专注力。评估哪些方法对保持专注力更有效，哪些方法需要改进。

适合别人的方法不一定适合你。如果你发现某种方法对你来说效果不明显，不要犹豫，也不要怀疑自己，勇敢地去尝试新的方法。

专注力是需要长时间刻意练习才能提升的，只要持续实践上述这些步骤，你的专注力就能大幅提升。

吃好睡好记忆才能好

上初中之后，由于学习压力变大，我发现女儿的生活没以前那么规律了。有时候作业写不完还要熬夜，这就导致她早上起得晚，早饭都没时间吃。

我有点担心女儿的健康，提醒了她好几次，但是她并不在意，认为偶尔不吃也没关系。

"加加，爸爸知道你很努力，但你知道吗，吃饭和睡觉对你的学习与健康都有直接影响。首先，不吃早餐会影响你上午的学习效率。早餐提供了一天所需的能量，没有它，你的大脑无法在上午的课堂上保持最佳状态。再者，规律的睡眠对于记忆和学习更是至关重要。睡眠不足会降低第二天的学习效率，长期睡眠不足还会严重影响你的身心健康。"

我需要让女儿意识到规律生活的重要性。

"爸爸知道你的学业压力大，我们可以一起找出更好的方法来平衡学习和生活。我们可以一起制订一个更合理的时间表，确保你有足够的时间吃饭和睡觉。

女儿又回到了规律的生活习惯中，按时吃饭，按时睡觉，学习状态更好了。

身体是学习的本钱，合理的饮食和充足的睡眠对于保持高效学习的状态至关重要。关于睡眠和饮食，我有以下 3 点建议。

1. 培养合理的饮食习惯

合理的饮食习惯不仅能提供身体所需的能量和营养，还能帮助我们保持良好的精神状态。

首先要注意均衡饮食，确保身体和大脑能够获得所需的能量与营养。

蛋白质是身体所需的基本营养之一，它对肌肉生长和修复至关重要。我们在平常的饮食中多吃一些鱼、肉、豆类和坚果，可以补充身体所需的蛋白质。

燕麦和全麦面包等全谷物食品富含纤维，能提供持久的能量，有助于保持饱腹感；新鲜的水果和蔬菜富含维生素和矿物质，对维持身体功能和提高免疫力有重要作用。

此外，规律的饮食习惯还有助于维持血糖稳定，避免能量水平的剧烈波动。相比之下，饮食如果不规律，比如长时间不吃或暴饮暴食，可能导致能量水平波动，影响学习效率和专注力。

我建议大家每天三餐定时定量，保持营养均衡，减少或拒绝高糖、高脂肪和高盐的食品摄入。适量饮水也很重要。缺水会导致身体疲劳，严重时会导致新陈代谢速度减缓、免疫力下降。建议你根据自己的年龄和身体状况，每天摄入充足的水分，特别是天气热的时候或有比较强的体力活动的时候，一定要增加水分摄入。

2. 保证良好的睡眠质量

充足和高质量的睡眠有助于巩固记忆、稳定情绪和增强免疫力。

对学生来说，一般每晚需要保证 8 小时到 10 小时的睡眠。充足的睡眠有助于提高第二天的学习效率，形成长时记忆。睡眠期间，大脑会重新处理和巩固白天学习的知识，这对于学习新知识必不可少。

每天定时上床睡觉和起床，调节身体的生物钟，养成规律的睡眠。这样可以提高睡眠质量，确保深度睡眠。规律的作息还有助于减轻压力和焦虑，使我们在白天精力更好，专注力更持久。

睡前减少使用电子设备，因为这些设备发出的蓝光会抑制褪黑素的产生，从而影响睡眠质量。建议你在睡前可以看看漫画书，帮助身体和大脑放松。

此外，一个安静、黑暗和温度适宜的睡眠环境是高质量睡眠的关键。要确保你的卧室有舒适的床垫和枕头，没有噪声和光线干扰，保持卧室温度在舒适的范围内。

3. 劳逸结合

运动不仅有助于保持健康，还能提升精力，让人身心愉悦。定期运动，如每天进行 30 分钟的快步走、跑步、游泳或其他形式的有氧运动，可以显著提高心肺功能，增强身体耐力和活力。

此外，运动还能促进脑部血液循环，提高认知功能，这对长时间学习的人尤为重要。运动还能作为释放学习压力和紧张情绪的出口，帮助我们保持良好的心理状态。

除了定期的有氧运动，冥想、深呼吸练习、瑜伽或渐进式肌肉放松，都是缓解压力的好方法。这些活动有助于放松身心，舒缓你因长时间学习而产生的紧张情绪。

保持健康的生活方式是高效学习的前提，合理的饮食、良好的睡眠和运动能让我们的身体保持健康的状态，对提高我们的记忆力有很大的助益。

第四章

全面优化学习策略，提升考试成绩

要将前面章节介绍的记忆技巧和策略转化为实际的学习行动，就需要建立起积极的、自我强化的学习模式。本章将着重介绍如何通过有策略的学习行为和有效的支持系统，形成一个有利于长时记忆的正向循环，从而提高考试成绩。

第一节　做好规划让记忆更有效

一个有效的学习计划对于保持学习的连贯性和系统性至关重要，它还能增强记忆力和提高学习效率。为了确保学习计划能够顺利进行，你需要设定明确的学习目标，制定学习时间表，并掌握有效的时间管理技巧。

设定目标: SMART 原则

我会让女儿定期设定一些学习目标，但有时，她也会陷入误区。

1. 目标过大，不切实际

刚上初中时，女儿的物理成绩不理想，我问她："是不是应该给自己设定一个学习目标啊？"她立即回答我说："那我争取下次考试得满分！"

这虽然是一个积极的目标，但难免有些不切实际。如果没有达成这个目标，还会产生挫败感，失去自信。

2. 目标模糊不清

我告诉女儿，考满分不切实际，她又说："那我争取在物理上有所提高，下次考试，一定要考出好成绩！"

女儿取得好成绩当然也是我希望见到的，但多好的成绩算是好成绩呢？这个目标没有具体的数字，不量化，也没有办法衡量。

3. 缺乏时间概念

有一次，女儿告诉我，她设定了一个目标：英语一定要考到140分（满分150分）。

我从不怀疑她的能力，但要多久才能达到这个目标呢？她在设定这个目标时并没有给出具体的学习计划。

4. 目标过于依赖外部因素

有段时间，女儿觉得自己在班里的学习成绩虽然很好，但人缘却不好。于是她给自己定了一个目标：要在一个月的时间里，成为班里最受欢迎的人。

我理解女儿的这种想法，很多人都希望自己被别人认可，受大家欢迎，然而这很大程度上取决于其他人的主观想法，不完全受自己控制。

讲到设定目标，我们就不能不提到 SMART 原则。SMART 原则最早是由彼得·德鲁克（Peter F.Drucker）提出的。SMART 原则是设定目标时要遵守的原则，分别指的是具体（Specific）、可衡量（Measurable）、可实现（Achievable）、相关（Relevant）和时限性（Time-bound）。

设定学习目标同样可以遵循 SMART 原则。

1. 具体（Specific）

你的学习目标应该是明确和具体的，这样你才能清楚地知道自己需要做什么。例如，不要说"我要提高我的数学成绩"，你应该说"我想要在接下来的数学单元测试中提高 10 分"。

2. 可衡量（Measurable）

你的目标应该有一个可以量化的标准，这样你才能跟踪自己的进步并知道自己是否达到了目标。比如，不要只是说"我要提高数学计算的正确率"，而是说"我每周至少完成 3 套数学试卷，并在每次练习中达到至少 75% 的正确率"。

3. 可实现（Achievable）

设定目标的时候，我们要基于自己当前的能力和可用的资源，设定有一定把握可以实现的学习目标。比如，如果你当前的数学成绩是 60 分，那么你的目标可以是"在下次数学考试中考到 80 分"。

4. 相关（Relevant）

我们的学习目标应该是与自己近期的学习任务或长远的人生目标相符合，这样设定出来的目标才有意义。比如，下周就要数学考试了，这周最好多设定一些与数学相关的目标；如果你未来的职业梦想是成为一名工程师，那么提高数学和物理成绩则是需要着重实现的目标。

5. 时限性（Time-bound）

记得一定要为目标设定一个明确的完成期限，这有助于营造紧迫感，维持行动力。比如，不要只是说"我要把数学成绩提高到 80 分"，而应该说"在这个学期结束前，我的数学成绩要提高到 80 分"。

通过运用 SMART 原则，我们可以更具体地确定自己的学习方向，更系统地规划自己的学习目标，制订出更有针对性的学习计划，从而更精准高效地达成目标。

时间安排：制作学习计划时间表

一天，我看到女儿坐在书桌前无所事事，便凑过去问女儿："加加，干什么呢？"

女儿说："我已经做完作业了，现在没什么事。"

我奇怪地问："怎么会没事呢？前几天我们还一起制作了目标计划表呢，这个时间点你不是应该在学习吗？"

女儿说："哎呀，我忘记了。"

我坐在她身边，温和地说："没关系，爸爸现在正好也没事，就带你来重新梳理一下这个计划表，这样你就不容易忘记啦。"

我和她一起做了学习目标的分析和梳理，讨论并设定了每门学科的优先级，然后根据这些优先级又制作了一个以周为单位的学习计划时间表。

"我们可以为每门学科安排特定的学习时间，确保所有学科都得到适当的复习。"我向她解释。

我们一起细化了每门学科具体的学习行动计划。以数学为例，每天做一定数量的题目，并在周末复习一遍所学内容。每个周末，我会带她回顾这周的学习计划，看看哪些地方做得好，哪些地方需要改进。这样，就可以根据她的进步情况来调整计划。这样细化的安排和计划，让女儿对自己的学习时间有了更强的掌控感。

实际上，制订明确的学习计划还可以培养我们的自律性和责任感。学会按照计划行事，可以养成良好的时间管理习惯，这对未来的工作和生活都大省。

一个适合自己的学习计划可以减少学习过程中的焦虑和压力。当我们知道何时该学习，何时该休息，能适度避免过度的紧张和疲惫，有助于保持身心健康。

如何设计学习计划时间表呢?

表4-1所示是一个完整的周一至周五的学习计划时间表，供大家参考。

表 4-1　周一至周五的学习计划时间表

时　间	事　项
07：00	起床
07：00—07：10	醒来复习前一晚所学内容（睡眠学习法）
07：10—07：30	洗漱
07：30—08：00	吃早餐，预习当天课程，复习昨天所学的知识点
08：00—08：30	上学途中，用知识卡片复习
08：30—12：00	认真听课 在课间休息时，适当运动
12：00—12：30	吃午餐，散步或聊天
12：30—13：00	午休
13：00—16：00	认真听课 在课间休息时，适当运动
16：00—16：30	放学途中，用知识卡片复习
16：30—17：30	回家后完成家庭作业，进行预习
17：30—18：30	吃晚餐，与父母聊天
18：30—19：30	针对难点或弱项进行专项复习（番茄工作法）
19：30—20：30	休闲娱乐时间
20：30—21：30	针对难点或弱项进行专项复习（番茄工作法）
21：30—21：50	睡前洗漱
21：50—22：00	睡前学习／复习（睡眠学习法）
22：00	睡觉

表 4-2 所示是周六／周日的学习计划时间表，供大家参考。

表 4-2　周六 / 周日的学习计划时间表

时间	事 项
07：00	起床
07：00—07：10	醒来复习前一晚所学内容（睡眠学习法）
07：10—07：30	洗漱
07：30—08：00	吃早餐，休闲娱乐时间
08：00—9：30	复习一周内学习的重要知识点（番茄工作法）
09：30—10：00	休闲娱乐时间
10：00—12：00	专注于难点或弱项的深入学习 / 复习（番茄工作法）
12：00—12：30	吃午餐，适当运动
12：30—13：00	午休，或做自己喜欢的事
13：00—15：00	参加自己感兴趣的活动
15：00—17：30	周六安排复习，周日安排预习下周学习内容
17：30—18：30	吃晚餐，与父母聊天
18：30—20：00	自由活动，如看电影、阅读等
20：00—21：30	周六安排复习，周日安排预习下周学习内容
21：30—21：50	睡前洗漱
21：50—22：00	睡前学习 / 复习（睡眠学习法）
22：00	睡 觉

制作学习计划时间表需要注意以下 4 点。

1. 平衡学习与休息

学习计划时间表必须明确划分每天的学习时间和休息时间，例如，每隔 30 分钟，至少休息 5 分钟，以保持专注力。这种学习和休息的平衡可以防止过度疲劳导致的学习效率下降。尤其在周末，好好休息有助于缓解一周的学习压力。

2. 保障充足的睡眠

学习计划时间表必须确保我们晚上有充足的睡眠，以保证第二天的学习效率。上面两张表中的睡眠时间设定为晚间 9 小时、午间 30 分钟，可以满足绝大多数人的睡眠时间需求。当然，你也可以根据自己的生物钟、睡眠需求和作息时间来修改这个学习计划时间表。

3. 有序的学习节奏

在周一至周五的学习计划时间表中，每天都必须包含对预习、复习和学习新知识的时间安排，这有助于我们遵循艾宾浩斯遗忘曲线原理，在掌握新知识的同时，巩固旧知识，保持规律的作息时间，促进身体和心理的健康发展。

4. 兼顾个人兴趣和自我发展

周末可以安排一些与个人兴趣相关的活动，这不仅有助于放松心情，也能助益个人全面发展。

学习计划时间表帮助我们均衡安排学习和生活，保持生活和学习的规律。

时间管理：艾森豪威尔法则

上初中后，女儿的课业负担明显加重，娱乐时间被严重压缩。一天，她苦恼地和我说："爸爸，我总觉得时间不够用。学习、课外活动、朋友聚会……我都不知道该怎么安排。"

"加加，时间是需要规划和管理的，有一种叫作艾森豪威尔法则（也称四象限法则）的时间管理方法，你可以试试。"

我拿过一张空白纸和一支笔，开始向女儿解释艾森豪威尔矩阵中的4个部分：紧急且重要、紧急但不重要、既不紧急也不重要和重要但不紧急。

我们首先标出了那些重要且紧迫的考试。"这些是你需要优先处理的事情。"我说，"比如下周的数学考试和英语演讲。"

其次，我让她将那些对长远目标有帮助但不紧急的事情写下来。"比如你的钢琴练习和阅读计划。"我解释道："它们对你的成长很重要，但可以灵活安排。"

　　我们讨论了那些看起来紧急但其实对她的个人目标影响不大的事情，例如同学聚会。"可以给自己留出玩的时间，但前提是不要占用自己太多的时间。"

　　最后，我们将那些既不紧急也不重要的活动列了出来。"这些活动通常是时间的杀手，需要尽量减少。"

　　我们一起将她的日常活动分类，并制订了一个更合理的周计划。女儿按照这个计划行事，能够更高效地处理学习和生活中的各种任务，她逐渐感觉生活变得有序多了。

　　几周后，女儿对我说："爸爸，自从用了艾森豪威尔法则，我发现我不但能够完成更多的事情，而且还有了更多自由的时间。"

　　艾森豪威尔法则是美国第34任总统德怀特·戴维·艾森豪威尔（Dwight David Eisenhower）提出来的，是一种高效的时间管理工具，我们可以利用它，基于任务的紧急性和重要性这两个维度，将任务进行分类，并形成4个不同的象限（见图4-1），帮助我们确定哪些任务应该优先处理，哪些可以推迟或委托他人，甚至可以忽略。

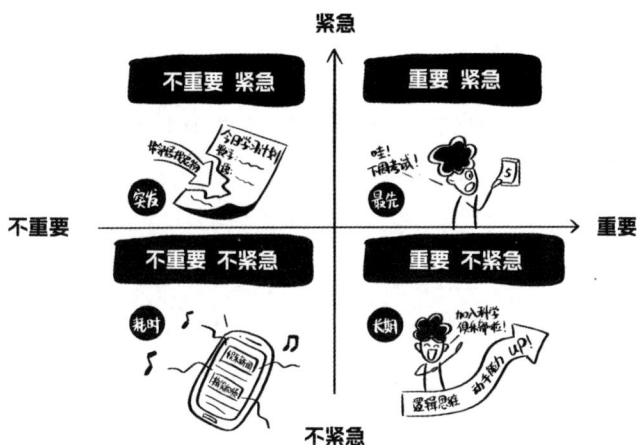

图 4-1　艾森豪威尔法则

1. 重要且紧急

重要且紧急的任务是最需要优先处理的部分，如临近截止日期的作业或即将到来的考试。

对于重要且紧急的学习任务，需要立即采取行动。例如，如果一个重要的数学考试将在下周进行，我们就需要立即开始复习，确保自己掌握考试要求的所有知识点。

处理这类任务时，通常需要我们暂时放下其他不紧急或重要的活动，比如参加某个兴趣小组的活动。这可能需要我们做出一些短期牺牲，比如减少玩的时间或社交活动，以便集中精力应对当前重要且紧急的任务。

有效处理第一象限的任务还需要你加强自律。你最好制订一个详细的学习计划，划分出特定的时间来专注于这类任务，同时保持高效的学习节奏。

2. 重要但不紧急

重要但不紧急的任务对于个人成长和学业发展有长期的影响，虽然这类任务不像重要且紧急的任务那样迫在眉睫，但也需要关注。比如，定期整理笔记、去图书馆看书扩展知识面，深入研究某个学科的课题，这些事情不是为了应付即将到来的某个考试或作业，而是为了更深入、更长远地理解某一学科。

参与兴趣小组和课外活动就属于这类事情。这些事虽然不像考试那样紧迫，但对于个人兴趣的培养、社交技能的提升，以及未来的职业规划都至关重要。因此我们要主动规划并投入时间，而不是被动地等待紧急任务的出现。

3. 紧急但不重要

紧急但不重要的任务大多是由外部因素驱动的，它们可能会突然出现，需要你立即处理，但它们对于实现个人的长期目标帮助不大。

诸如朋友明天找你聚会、邻居请你帮忙找走丢的宠物，或妈妈让你帮忙刷碗等，这类事情往往会打乱你原有的计划和安排，使你不得不从原本重要的学习任务或个人发展任务上转移注意力。高效处理这类任务是提高学习效率的关键。

高效处理这类任务的关键是意识到它并不重要，然后问自己：我真的需要立即处理这件事吗？它会对我的长期目标产生什么影响？

请记住，对于紧急但不重要的事情，你可以委托给他人处理，或寻找一些替代方案，以便让自己专注于当下重要的任务。这并不意味着要完全忽视它们，而是要有选择和取舍，特别是当这些任务与个人的主要目标和计划冲突时。

4. 既不重要也不紧急

既不重要也不紧急的任务通常与个人的主要目标和优先事项没有直接关联，也不需要立即处理。这些活动的主要特点是消耗时间，并且不会给我们带来任何学业上或个人成长上的好处。

长时间沉迷于这些活动可能会分散我们的注意力，扰乱我们的心智，从而影响我们实现长期目标。

当然，这并不意味着我们必须完全放弃这些活动。要知道，必要的休闲活动对维持良好的心理和身体的健康是必要的。关键在于劳逸结合——确保这些活动不会占据你过多时间，同时不会影响到学习和其他重要的事情。

对于既不重要也不紧急的活动，最好的做法是提前安排。例如，你可以把打游戏作为学习一整天后的放松方式，或者作为刻苦学习一周后的奖励。这种安排既可以使我们在高强度的学习后得以放松身心，又确保了休闲活动不会过度，从而确保自己的学习效率和生活质量。

运用艾森豪威尔法则，我们可以更有效地管理自己的时间，确保优先处理最重要的事项，同时也为日常的学习和休息留出均衡的时间。艾森豪威尔法则可以帮助我们提高学习效率，减轻压力，并确保时间被用在最重要的事情上。

第二节 这些都是成绩好的关键

想要学得好，成绩高，除了把课本知识学好之外，我们也要做好情绪管理，学会自我激励，优化学习环境。在本节中，我们将探讨一些关于学习的"周边策略"。

调节情绪：缓解学习焦虑

上初中之后，女儿的学习压力明显比以前大很多。一天晚饭后，她满脸委屈地和我说："爸爸，我最近总是感到很焦虑，学习压力大，还有各种考试，我不知道该怎么办。"

我轻轻地拍了拍她的手背，安慰道："别担心，你可以和爸爸说说。"

女儿打开了话匣子，一股脑儿地向我倾吐出来。其实，对于学习压力，倾诉本身就可以让我们获得治愈。"加加，爸爸非常理解你的感受，面对挑战感到焦虑是很正常的。"我安慰女儿。

接着，我又教给她一些简单的放松技巧。"当你感到焦虑时，尝试深呼吸，让空气填满你的胸腔，然后慢慢呼出，这样可以帮你放松。"

另外，我建议她制订一个合理的学习计划。"有时候，焦虑源于失控的现状，一个明确的计划可以帮你看到每一步的进展。"

我还告诉她可以通过积极的自我对话来改变自己的思维模式。"当你开始怀疑自己时，试着用'我能做到'或'我会尽力而为'

这样的话来替换消极的想法。"

我还鼓励她多参与户外活动。"运动不仅可以让你的身体更健康，还是缓解压力的好方法。"

按照我的建议去实践后，女儿的焦虑情绪有了明显的改善。她渐渐学会了管理自己的情绪，变得更加自信和放松。

学习过程中遇到压力、感到焦虑都是很正常的事。学习焦虑源于对考试结果的担忧，对取得好成绩的压力感，或是对自己不擅长的学科产生的恐惧。有效地调节情绪和缓解焦虑是保持良好心态和提高学习效率的关键。常见的缓解焦虑的方式有 3 种，如图 4-2 所示。

图 4-2　常见的缓解焦虑的 3 种方式

1. 深呼吸

不要小看深呼吸的作用，用深呼吸来缓解焦虑是一种简单而有效的方式。

首先，你可以选择一个安静且舒适的地方，可以是你的房间，也可以是图书馆中安静的角落，或者是任何一个让你感觉放松的地方。然后坐下，保持背部直立，脚平放在地面上，手放在膝盖上或腿上。轻轻闭上眼睛。尝试放松你的身体，特别是肩膀、脖子和面部的肌肉。

深深吸一口气，然后慢慢呼气，感受身体的放松。尝试将所有的注意力都集中在呼吸上，感受空气通过你的鼻孔进入，填满你的胸腔，然后慢慢从嘴里呼出。

每次呼气时，想象你的焦虑和紧张伴随着你呼出的空气被释放出去；每次吸气时，想象着你的身体吸入了清新的空气。

慢慢地睁开眼睛给自己几秒钟的时间，感受一下自己的身体和心情的变化。

2. 改写想法

通过积极的自我对话，将消极想法转变为积极想法，也是一种重要的心理调节方式。

首先，要意识到自己的消极想法。例如，当你发现自己有诸如"我做不到""这太难了"之类的消极想法时，暂停一下，并快速认识到这是一种消极的自我对话。

然后把你的消极想法写下来。这可以帮助你清晰地看到自己的思维模式。例如，写下"我总是算错数学题，我肯定考不好"。

对每个消极想法进行质疑，问问自己："这个想法是否真实？""有没有证据反驳这个想法？""我在数学上是否有过好成绩？"

接着，将每个消极想法替换为一个更现实和积极的对话。例如，可以将"我总是算错数学题，我肯定考不好"替换为"虽然数学对我来说有挑战性，但我可以通过努力学习来提高"。

设定一系列积极的肯定语句，例如，"我有能力学好数学""每天我的数学都在进步"，并经常重复这些语句，特别是当你感到沮丧或压力大的时候。

寻找一些积极的榜样，比如那些克服困难取得成功的人，听听他们的故事。这可以帮助你用更积极的心态面对学习和生活。

每天花时间感恩你所拥有的，包括你的能力、已经取得的成绩和支持你的人。这可以帮助你专注于积极的方面，而不是陷在困难和失败中无法自拔。

3. 分享感受

向老师、父母或朋友分享自己的想法、感受和担忧，也是一种有效缓解焦虑的方式。

首先，要正视自己在面对困难时的具体感受或遇到的问题。这些问题可能是学习上的困难、人际关系的问题，或者是对即将到来的考试的焦虑。

接着，根据问题的性质，选择一个合适的听众。学习上的问题可以向老师或同学求助；内心的感受或压力，也许更适合与父母或亲密的朋友倾吐。和他们聊天的时候，可以选择一个安静、私密的地方，确保不会被打扰；还需要选择一个双方都空闲的时间，以便可以不受限制地交流。

在交流时，尽量诚实和开放地表达自己的感受和担忧，不要遮遮掩掩，这样做可以帮助对方更好地理解你。

分享完自己的感受后，耐心倾听对方的建议和反馈。他们可能会提供不同的观点或解决方法。在没有听完时，先不要排斥这些观点和方法。

在对话结束后，别忘了表达感谢。根据交谈中获得的建议，尝试采取行动。你可以试试调整自己的学习习惯，运用一些能够有效缓解压力的方法，或改变自己想问题的方式。

通过上述方式，我们可以有效地减轻焦虑，让自己保持身心健康，平衡学习和生活。学习中遇到压力和焦虑是正常现象，通过积极的方法，我们完全可以有效地应对和克服它们。

对抗拖延：轻松开始学习行动

和很多人一样，女儿有严重的拖延症，即便有明确的学习计划时间表，有时也会拖拖拉拉。

"爸爸，我总觉得自己做事没有动力，总是想把事情拖到最后一分钟。"

我笑了笑，拿起一旁的纸和笔，边写边说："提高行动力其实也有技巧的，我们一起来想办法。"

我和女儿一起复盘了拖延的原因。原来，她之所以拖延，是因为觉得学习任务太多、太难，不知道如何下手。

我建议女儿为自己设定一些比较小且容易达成的目标。比如，睡前背 10 个英文单词。"这样的目标看起来不那么难，你也更容易开始行动。"

　　对于一些大任务，我建议她将其分解成几个小目标。我解释道："每完成一个小目标，就会给我们带来一点成就感，这样也就不会觉得任务太过庞大和难以启动了。"

　　我们一起给很多学习任务设定了具体的完成时间。为了鼓励女儿，我提出，只要她按时完成任务，就可以得到小奖励，如额外的休息时间，或者是她喜欢的零食。

　　渐渐地，女儿的行动力提高了。

　　拖延是学习的敌人。要解决拖延问题，首先要知道拖延产生的原因，根据原因"对症下药"。常见的拖延原因有 6 种，如图 4-3 所示。

图 4-3　常见的 6 种拖延原因

1. 完美主义倾向

追求完美的人可能因为害怕达不到自己或他人定的高标准而拖延。因此，他们宁愿不开始行动。

要应对因为完美主义倾向造成的拖延，首先要学着重新定义"完美"。你需要认识到完美不是绝对的标准，而是一个持续改进的过程。我们应该专注于进步，而不是完美。

我们应该把大的学习目标分解成小的学习目标，享受完成每一个小目标后所获得的成就感。另外，要学会接受自己的不完美。要记住，完成比完美更重要。

2. 自我效能感低

自我效能感是指个体对自己有能力完成特定任务的信念。有人对自己的能力缺乏信心，担心自己做不好，因此可能会推迟开始行动的时间。面对难度较大的任务时，我们都会焦虑或害怕，这种情绪可能会导致我们选择逃避，于是形成了拖延。

庞大的任务可能让人望而却步，产生恐惧感。化大为小能让目标看起来更容易完成。要应对自我效能感低造成的拖延，可以试着让自己在一些小的事情上取得成功来建立信心，例如背下一首古诗或学会解比较简单的数学题。

我们在给自己设定目标时，要把握好度，目标不能设定得太高，并学着给自己一些正向鼓励。我们可以先完成简单的任务，再逐渐增加难度。

面对压力、紧张、挫折时，试着深呼吸，缓解焦虑情绪，让自己保持冷静，更容易开始行动。

3. 缺乏动力

如果你对某种训练方式或某门学科不感兴趣，或认为没有意义，就可能会缺乏完成相关学习任务的动力。

面对缺乏动力造成的拖延，我们可以试着发掘学习的内在动机和长远意义，思考学习给自己带来的价值。为自己设置一些完成任务后的即时奖励，也可以增加学习的动力。

4. 个人习惯

有时候，个人的时间管理能力差也是拖延的一大原因。有的同学由于不善于规划和管理时间，可能会错误估计完成任务所需的时间，从而导致拖延。而说到底，拖延只是一种习惯。那些过去经常拖延且都侥幸地完成了任务的同学可能会将拖延视为一种可接受的行为模式。

针对个人习惯导致的拖延，我们可以通过提高自己的时间管理能力来改善。例如，可以每天在日历上记录重要的学习任务和截止日期，确保自己有清晰的时间安排。

5. 决策困难

决策困难有时也会导致拖延。对此，你可以做一些决策训练。通过一系列小的决策训练，比如，选择完成哪项任务或在何时开始学习，逐渐增加决策的难度，循序渐进地提高自己的决策能力。

与此同时，我们要学会分析决策的利弊，明白任何决策都有其正反两面，这样可以减轻因过分追求决策正确而产生的焦虑。

做决策时，给自己一个期限，强迫自己在这个期限到来之前必须做出决策。

6. 环境原因

一个充满干扰的环境也会使我们难以保持专注，这也可能会导致拖延。

要应对环境原因造成的拖延问题，我们可以给自己创造一个有利于专注的学习环境，让自己在学习中免受干扰。与此同时，我们还要不断提升自己的屏蔽力，也就是提高应对干扰的能力。

关于如何创建专注的学习空间，我将在后文中详细介绍。

要想战胜上述原因造成的拖延，你都可以试一试"5秒规则"。

当你发现自己对是否要开始做某件事而犹豫不决时，立即开始从5倒数到1。当倒数到1时，你就立即行动。

这种方法主要是打断大脑的拖延倾向。倒数行为创造了一种心理上的紧迫感，促使你从思考转向行动。

想要有效实施"5秒规则"，首先要意识到自己在拖延。一旦你意识到自己在拖延，立即应用这个方法，这个过程中你要全神贯注，不能分心，并告诉自己一旦倒数结束就必须行动。这是一种心理上的承诺，它有助于消除内心的犹豫和不确定感，为即将到来的行动做好心理铺垫。

拖延症，人皆有之。我们需要做的是，发现自己拖延的原因，并根据不同的情况对症下药。必要的时候，别忘了"5秒规则"。只要运用科学合理的方法，拖延的问题就一定可以改善，每个人都能成为行动达人。

防止干扰：提升你的屏蔽力

有一天，女儿说："爸爸，我好烦啊。"

我好奇地问她："怎么了？"

"我觉得自己抗干扰的能力好差！最近总是很容易被周围的事影响，这导致我学习效率变得好低！"

"人类很容易被周围环境的变化所吸引，不只是你，每个人的抗干扰能力都没有那么好——或者说，每个人的屏蔽力都没那么强，即使是那些自控力很强的人。"

女儿有些失望地问："那怎么办呢？"

"我们没必要去跟自己的本能作对。既然容易被外界环境干扰，那我们就想办法屏蔽干扰，提高自己的注意力。"

于是，我帮助女儿重新布置了她的学习区域，让她的学习区域尽量保持整洁且舒适，减少可能的干扰物。我还建议她在学习时使用一张特定的桌布，这张桌布可以作为一个信号，告诉自己现在是学习时间，要尽可能集中注意力。

考虑到我们住的地方偶尔会有噪声，我为女儿准备了一副降噪耳机，这样就可以帮助屏蔽外界的噪声。

现代社会，屏蔽力已经成为一种"刚需"。而在学习中，学会屏蔽无用的信息，提升专注力，尤为重要，因为这对学习效率有直接影响。

"分心"是人的一种本能，在学习的时候，给自己创造一个不被打扰的环境很重要。为此，我们首先要了解和学会识别周围的干扰源。比较常见的干扰源有 3 种，如图 4-4 所示。

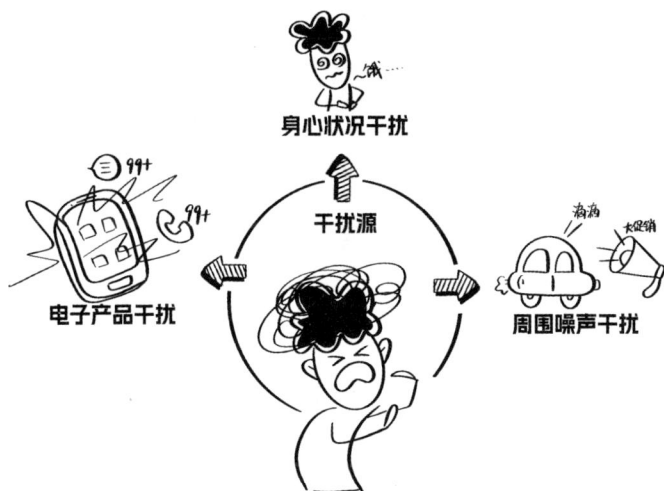

图 4-4 常见的 3 种干扰源

1. 电子产品干扰

电子产品已经成为人们日常学习和工作中的最大"干扰源"。手机中各种 **App** 的推送、电话、信息等会时不时打断我们的思路，导致注意力分散；电脑中的各类弹窗、新闻等也可能会将我们的注意力吸引过去。

想要集中注意力，就要消除这些干扰源。在学习的时候，你最好将手机、平板电脑设为静音或飞行模式。如果需要保持与外界的联系，可以设定仅接收紧急联系人的电话和信息。为进一步避免电子产品的诱惑，可以使用专门的应用软件来锁定屏幕的使用时间。

此外，在学习的时候，尽量用纸质资料学习，远离电子产品。这样既可以避免电子产品的干扰和影响，又可以减少看屏幕的时间，保护眼睛。

2. 周围噪声干扰

噪声干扰也会对我们的学习造成影响。要消除这种干扰，可以试着远离噪声源，换一个安静的地点学习，也可以使用耳塞或降噪耳机，以减少外部噪声的干扰。

需要注意的是，每个人对噪声的定义是不同的。有人喜欢绝对安静的环境，稍能听到一点声音都会觉得被打扰，导致难以专注；有的人则不喜欢听不到任何声音的环境，他们喜欢稍微有一点声音但又不至于打扰到自己的环境，这种情况可以试一试播放一些白噪声。

3. 身心状况干扰

疲劳、饥饿或身体不舒服等不良的身体健康状况都有可能影响学习效果，压力、焦虑、紧张等负面情绪也可能会影响专注力和学习效率。

要消除这种干扰源，你需要保持健康的饮食习惯，确保充足的睡眠，并适当进行锻炼；或者通过冥想、深呼吸练习或轻度运动来缓解压力，也可以找信任的人聊聊天，帮助你进行心理疏导。

对不同的人来说，干扰自己的因素可能有所不同，有效的抗干扰策略也可能有所不同。重要的是，要根据自己的需求和习惯，找到适合自己的抗干扰策略，让自己远离干扰源。

除了识别和屏蔽干扰源外，杂乱无章学习的环境也可能分散注意力。创造有利于学习的环境，整理和优化学习空间，可以减少干扰，激发学习动力，提高学习效率。想要创造良好的学习环境，可以参考图 4-5 所示的步骤。

图 4-5　创造良好的学习环境的 4 个步骤

1. 评估现有环境

首先，我们需要评估当前的学习环境。评估因素包括光线、噪声水平、家具的舒适度等。例如，如果你的书桌靠着窗户，强烈的阳光和外面的噪声经常分散你的注意力，那么这就是需要改善的学习环境。

2. 打造有序的学习区域

合理放置书籍、文具和其他学习材料，保持学习区域整洁、有序。最好选择合适的家具，特别是舒适的椅子和高度适宜的桌子，这样也有利于保持健康良好的体态。例如，有人会喜欢定期整理书桌，确保所有学习材料都有固定的位置可以安放，这样可以随时找到自己所需要的东西，也有助于提高学习效率。

3. 适宜的温度和通风

学习区域最好是相对开放的空间，而非封闭的。因为通风良好的环境有助于保持头脑清醒。如果条件允许，可以调整一下学习环境的温度，确保温度适宜。

4. 激发灵感的装饰

你可以根据自己的喜好，在书桌周围添加一些能激励自己的个性化装饰物，比如励志海报、绿植，或喜欢的艺术品，这些装饰物不仅美化了空间，还能让人感到放松和舒适。

一个好的学习环境能够帮助我们集中精力、提高效率，从而激发学习动力。你可以根据自己的具体需求和偏好来定制自己的学习空间。

第三节　应对考试的记忆策略

要提高考试成绩，我们还必须要掌握一些与考试相关的特殊策略。本节将围绕"考试"这一主题，就如何解决偏科造成的成绩问题、如何盘点自己的知识盲区，以及如何反思与调整自己的学习记忆策略等问题展开讨论。

培养兴趣：摆脱偏科的困境

如今理科成绩优异的女儿，小时候曾经一度讨厌学数学。

小学三年级的时候，女儿的数学成绩只能在班里排到中等偏下。那时候的她曾沮丧地对我说："爸爸，我可能以后永远也学不好数学了。"

我摸摸她的头，坚定地对她说："别担心，爸爸辅导你。"

那时候女儿的语文学得还不错，于是，我想到了一个办法——结合故事来学数学。

我给女儿讲了一些数学家的故事，也尝试着把数学的概念用讲故事的方式讲给她。为了讲好这些故事，我翻阅了不少文献。

渐渐地，女儿对数学没有那么反感了。

后来，我们一起整理数学笔记，用彩笔来画图，让她能够直观地看到数学的图形化呈现，并理解数学在现实中的应用。

渐渐地，女儿对数学的态度有了明显的变化——她不再把数学当作令她头疼的学科，而是开始享受解决难题的过程，成绩也逐渐提高了。

偏科是比较常见的现象，就算是一些成绩优异的学霸，也有不擅长的学科。造成偏科的原因有很多，比较常见的有以下几种。

1. 兴趣偏好。我们往往会对自己感兴趣的学科投入更多的时间和精力，对自己不感兴趣的学科则会很抗拒。

2. 学习方法不当。不同的学科可能需要不同的学习方法和技巧。如果你没有掌握适合某门学科的方法，就可能在这门学科上表现不佳。

3. 自信心不足。对某一学科缺乏自信心可能会导致你在这一学科的表现欠佳。这种心理障碍可能源于早期的失败经历或负面反馈，导致有的同学对自己在这一学科上的能力产生怀疑。

4. 教学方式。老师的教学方式也可能影响学生在某一学科上的表现。如果你无法适应老师的教学方法，或者与老师缺乏有效的沟通，你在该学科上的学习兴趣和成绩就会受到影响。

5. 家庭和社会环境。家庭环境对你的学习也会产生重要影响。

家庭对某一学科的重视程度、父母的期望，以及家庭中可用的学习资源都有可能影响我们在不同学科上的表现。

6. 同伴影响。身边朋友会影响我们的学习态度和表现。比如，如果身边的同学都重视物理，物理也学得比较好，那么你也可能会对物理比较重视。

解决偏科问题的关键在于分析造成偏科的原因，并采取针对性的措施来改善自己在弱势学科上的表现。找到自己偏科的原因后，可以采取如下 4 种策略来解决偏科问题，如图 4-6 所示。

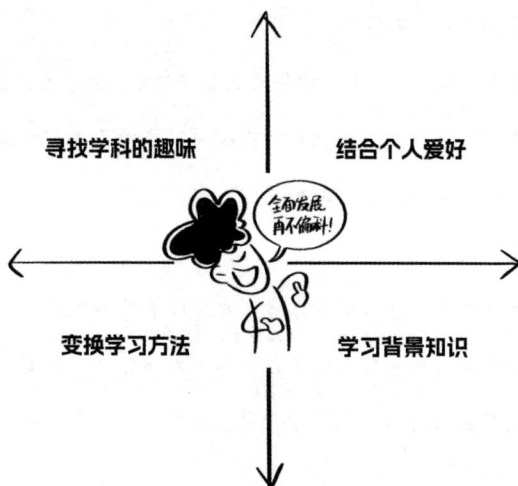

寻找学科的趣味　结合个人爱好

全面发展，再不偏科！

变换学习方法　学习背景知识

图 4-6　解决偏科问题的 4 种策略

1. 寻找学科的趣味

发掘学科内那些能够激发个人兴趣和好奇心的地方，并尝试从不同的角度探索这门学科，找到其中的趣味点。

例如，我们可以从比较简单的计算购物折扣和理财利息入手，尝试将数学知识应用到现实生活中。再例如，我们可以通过阅读历史小说、观看历史题材电影或纪录片、参观历史博物馆来加深对历史事件的理解。

兴趣小组往往可以帮助我们改善偏科问题。在与兴趣小组的成员交流的过程中，我们也许会遇到志同道合的朋友，通过讨论与合作来共同体会学科的乐趣。

2. 结合个人爱好

可以试着将个人的兴趣爱好与自己比较弱的学科结合起来。

例如，数学家毕达哥拉斯发现声音和弦的振动具有某种数学规律，也就是说，音乐和数学之间，存在着千丝万缕的联系。音乐的节奏、和声和曲式结构中都涉及数学原理。你可以试试探索如何通过数学理论来分析和创作音乐，或者学习音乐理论中的数学模式，如节拍、音阶和和弦的数学关系。

3. 变换学习方法

对某一学科来说，如果当前采取的学习方法效果不佳，可以尝试其他方法，可以参考前文提到的 3 种不同类型学习者的学习方法。比如：对于视觉型学习者和听觉型学习者来说，可以多找一些与所学学科相关的视频或音频来辅助学习；对于动觉型学习者来说，可以多参与一些动手类的活动。

4. 学习背景知识

学习一门学科的背景知识是提升对该学科兴趣的有效途径。了解学科的历史背景、发展过程、以及这个学科在现代社会中的应用，可以帮助你更好地理解其重要性和意义。

例如，了解物理或化学在医药、能源或技术领域的应用，可以增强我们对这些学科的兴趣。

了解学科背景知识还可以帮助建立跨学科的联系，看到不同学科间的相互关联。这种认识不仅能增加学科本身的吸引力，还能提高其他相关联学科的学习效果。

学习过程充满挑战，尤其是在那些我们不擅长或不感兴趣的领域。然而，不要因为一开始的困难就气馁，要相信随着不断努力，你会在这门学科上取得进步。学习是一个循序渐进的过程，每个人都有自己的节奏和学习风格。怀着积极的心态来看待这些困难和挑战，你更容易找到适合自己的学习方法，并保持学习的动力。

盘点错误：挽回丢失的分数

一天下午，女儿放学回家满脸笑容地向我展示她的考试成绩。"看，爸爸，我这次考了第五名！"她自豪地说。

"不错呀，加加！"我边说边拿过了她的卷子，"宝贝，你看这几道数学题好像都错在同一个知识点上了。"

女儿略显尴尬地说："哦，那些错题不重要啦！"

"回顾错题是帮助我们成长的重要步骤。它可以帮助我们发现知识盲区，更好地准备下一次考试。爸爸和你一起复盘一下吧！"

我拉着她坐在桌前，仔细分析了试卷上每一道错题。我问她："在做这些题目时，你是怎么想的？你觉得难在哪里？"

在分析过程中，我发现了女儿常犯错误的地方，比如：在数学题中，她常常计算出错；在英语阅读理解中，她有时会误解题意。

我建议女儿针对这些错误制订一个"复盘改错计划"，比如：为了提高数学计算能力，每天额外练习一些计算题；为了增强英语阅读理解能力，每周多读几篇英文文章。

我告诉女儿："每过一段时间，我们就检测一下你的学习成果，看看是否需要调整你的学习方法。"

通过这个"复盘改错计划"，女儿开始意识到回顾错题的重要性，并在这个过程中发现自己出错的原因，从而逐渐提高了自己的成绩。

再厉害的学霸，也有自己的知识盲区。有知识盲区并不可怕，可怕的是很多人并不知道如何判断、评估和改进。定期盘点错误并从中吸取教训，可以更直接有效地提升成绩。

准确评估自己的知识盲区，必要的测试是少不了的。只通过期末考试评估是远远不够的，你需要在平时的学习中多做习题、模拟试卷，也可以使用在线测验工具来测试自己的学习效果。

多做题有助于发现自己的短板。因为，多做才会多错；多错，才能发现自己的盲区究竟在哪里。

在分析自己出现的错误时，首先需要识别出错误的类型。不同类型的错误要采用相应的分析方法和行动策略来进行纠正。以下是4种常见的错误类型，如图4-7所示。

图 4-7　考试常见的 4 种错误类型

1. 理解类错误

对知识点或内容理解不透是很多人经常犯的错。出现这类错误时，我们要回顾相关的课程内容，找出自己理解上的漏洞，同时巩固对知识点的记忆。可以通过阅读教科书、观看教学视频、参加小组讨论或向老师求助等方式，来加深自己对知识的理解。

2. 计算类错误

在解数学或物理题的时候，计算错误十分常见。如果出现计算错误，建议仔细检查计算过程，找出自己究竟在哪些环节出现了计算错误。可以通过练习更多同类题目来提高计算的速度和正确率，这里要注意审题，确保每一步计算都准确无误。

3. 粗心大意

有时候，你即便理解正确，也有可能因为粗心而导致错误。例如，漏看题干中的关键信息、错选选项等。注意分析和识别粗心错误的原因，想一想是因为太匆忙、还是因为太紧张，抑或是因为不够专注。

要解决粗心大意的问题，就要在平时多锻炼自己的专注力，可以通过模拟考试锻炼自己的考试节奏感，增强心理素质，以适应考场氛围。

4. 时间管理不当

有的同学因为未能合理分配答题时间，导致没答完所有题目。这种情况下，你可以在考试开始前快速浏览整张试卷，并评估每道题预计的答题时间，以此来规划答题顺序和每道题的时间分配。

在平时的练习时，要注意时间管理，练习在规定时间内完成部分题目，必要时快速跳过难题，待其他题目完成后再回来解决。

此外，主动寻求老师或同学的反馈也可以帮助自己发现知识盲区。老师或同学提供的不同视角能让你对问题有更深刻的理解。你可以尝试将他们给你的建议应用到你的学习中，通过实践来验证它们的可行性。

另外，对于特别难的问题，不要害怕深入探索。深入研究一个难题，有时可以帮助你发现更多的知识盲区，并促进自己对知识深层次的理解。

不要忘了用上前文介绍过的错题本。你可以把在测试或作业中做错的题目记录下来，并定期复习。通过系统地分析自己在考试中出现的错误，并采取相应的行动，我们可以有效地从错误中学习，查缺补漏，从而提高自己的考试成绩。要诚实地面对自己的弱点，正视自己的知识盲区，采取积极的措施来改正错误。

复盘调整：找到适合自己的方法

我给女儿传授了很多种学习方法，但并不是每一种在她身上都有效。

一天，女儿说："爸爸，这些知识我学完就忘了，再复习还是记不住，感觉我学了等于没学。"

"加加，你有没有想过也许是你用的方法不对？"

我建议女儿回顾一下她最近学习的内容。我们一起梳理了她的笔记和课本。我问她："你是怎么理解这些概念的？"

女儿一一向我解释。

我发现女儿虽然已经掌握了一些学习和记忆方法，但她并没有在实践中将它们灵活运用。

我们一起盘点了她之前用过的那些学习和记忆方法哪些对她来说是有效的，哪些作用不大。

"加加，你在以后的学习中，一定要持续实践和灵活运用这些方法，评估学习效果。同时要定期复习之前所学的知识，定期检验自己的学习成果。"

后来，女儿学会了甄别适合自己的学习和记忆方法，也懂得根据不同方法的特点来灵活运用，逐渐形成了适合自己的学习和记忆的方法。

学习和记忆的方法有很多，但也许并不是所有的方法都适合你。在学习的过程中，我们需要尝试使用不同的学习和记忆的方法，反思这些方法是否适合自己，并根据以下3个关键点，做出相应的调整，如图4-8所示。

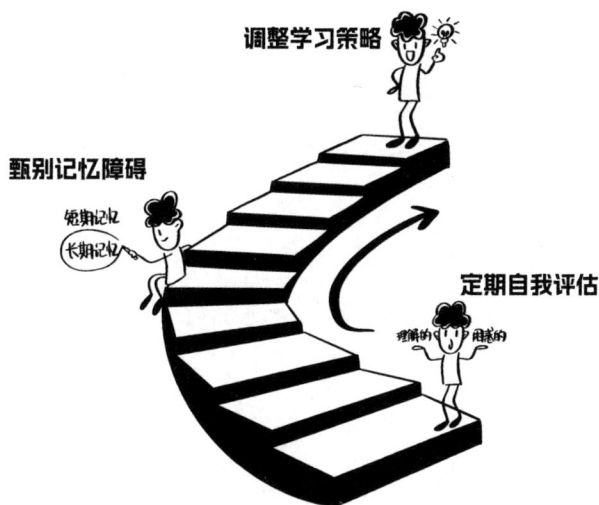

图 4-8　调整学习和记忆方法的 3 个关键点

1. 定期自我评估

你可以通过自我测试、复习笔记或复盘最近的成绩来完成自我评估。在这个过程中，要持续地问自己："哪些我学得很好？哪些我还有疑问？我的学习和记忆效率如何？"

复盘你的学习方法，评估你现在使用的学习和记忆方法是否适合你。比如，如果你是视觉型学习者，那么你平常采取的学习策略适合视觉型学习者吗？

2. 甄别记忆障碍

你需要甄别自己在记忆方面遇到了哪些具体问题，是短时记忆的问题，还是长时记忆的困难？你是否在将信息与已有知识联系起来时遇到过障碍？

你可以建立一个学习日志，记录你每天的学习内容、学习时间和学习效果。这样可以帮助你跟踪学习进程，发现自己学习效率低的原因。

你还可以试着向老师、家长或同学寻求反馈，他们提供的不同观点或建议，能够有效帮助你识别自己可能忽视的问题。

3. 调整学习策略

在学习过程中，要识别自己的学习风格和面临的挑战，并根据这些信息调整学习策略，是提高学习效果的关键。如果你发现自己难以长期记忆信息，可以尝试使用间隔重复的学习技巧，这种技巧通过在不同的时间间隔复习信息来加强记忆。此外，教授他人也是一种有效的学习方法，因为它能迫使你深入理解并组织知识。

改变学习环境有时能显著提高专注力和记忆力。例如，如果你通常在家学习，试着去图书馆或安静的咖啡店学习，看看是否有助于你集中注意力。同样，改变学习时间，比如从晚上改为早晨，也可能有助于提高你的学习效率。

多样化的学习资源和方法可以增强你对信息的理解和记忆。不要只依赖于教科书，尝试观看相关主题的视频、阅读不同作者写的书籍或文章，或者参加在线课程。这些不同的资源可以提供不同的视角和解释，帮助你从多个角度理解复杂的概念。

遇到学习挑战是成长过程中的必然经历。通过反思并优化学习策略，我们能够更深入地认识自己的学习偏好和记忆特点，从而有效应对难题。坦诚地评估自己的学习习惯，并勇于尝试新的学习技巧，是探寻最匹配个人学习风格的核心。请记住，每个人的学习之旅都是独特的，发掘适合自己的学习方法是一个需要耐心和不断实践的过程。

你的记忆有无限可能

本书介绍的艾宾浩斯记忆法不光是一种提升记忆力的科学方法，更是一扇通往知识宫殿深处的大门。书中详尽介绍的科学原理和记忆策略都深刻揭示了一个重要的秘密：每个人的记忆力都蕴藏着巨大的潜力，通过科学的方法和有效的练习，每个人的记忆力都可以得到重塑和升华。而蕴含无限可能的记忆，就像生命长河中的繁星，只要我们用心捕捉，精心培养，就一定能绽放璀璨的光芒。

此刻，让我们怀抱这份艾宾浩斯赠予我们的珍贵礼物，让每一个思想的火花都能被妥善保管，让每一块知识的宝石都能熠熠生辉。让我们携手，扬帆起航，在记忆的辽阔天空中点亮人生的星辰，释放生命的无限能量。